調香

FRAGRANCE

做自己的香氣設計師

精油解析×感知訓練×香水調製

打造10秒讓人印象深刻的氣味魅力學

用香氣頻率，與美好事物產生共振互動

一個人身上散發的香氣，也是一種頻率，會與其身邊周圍的人事物產生共振及互動。氣味其實是一個人的名片，也是超越語言與實際距離的無形訊息。

這本調香書很不一樣，毛毛老師在書中強調的是找到自己專屬的香氣，從她描寫每一款植物精油氣味的文字裡，你會看見她對人與性格的細膩觀察與聰慧靈巧。在香氣的路上，毛毛老師選擇了調香與個人 IP 打造的專業之路，也透過這本書教我們如何跳脫「商業市場香」的框框，學習針對不同場合與心情，設計出最能表現出個人魅力與風格的 IP 專屬香，活用這些美好與充滿靈魂的天然植物香氣，為自己創造生活中的幸福感。

原文嘉

芳療人共學會召集人
質覺自然文化學院院長

人海中因香氣遇見你

在創作小說《瀝川往事》中，女主角小秋在川流人海的空氣中，嗅出一道特有屬於男主角瀝川的香氣，她立刻回頭，果然看見日夜思念的愛人。這雖是小說情節，卻也印證了嗅覺帶動大腦記憶與情緒感應的覺察力，多麼不可思議的感官連結。這件事在另一位朋友身上得到印證，她曾提及兒時的一位老師，自己長大後雖記不清老師的容顏，卻一直記得老師身上的香水味，多年後回憶童年往事，最先想起的是老師靠近她或從她身旁經過那特有的香氣。在《調香》書中文字告訴我，原來那是氣味透過鼻腔在大腦留下深刻而持久的記憶。

寫作靈感像一片雲，不及時捕捉就變形，然而香氣卻像精靈，可以如影隨形。要想在別人印象中，埋下記憶的種子，讓個人形象脫穎而出，必須藉著散發出的氣味，讓人透過嗅覺，抓住一個人對另一個人的特有感覺。朋友之間彼此思想作風、興趣相同，相處融洽，人們總用「臭味相投」來形容，但那是貶義詞，現在對於合得來、聊得來的朋友，我們該說「氣味相投」，這說明了氣味時代已然來臨。

《調香》是香幸學苑毛毛老師的最新大作。她是香氣的精靈，她把生活中視覺藝術的「繪畫」、聽覺藝術的「音樂」和嗅覺藝術的「香水」，以最大公約數架構在皆有「調」的特性

上；繪畫的色彩、形狀與空間形成了「色調」，對於喜愛古典音樂的我，竟在書中讀到音樂的「音調」與香水的「香調」有著異曲同工之妙。音樂高、中、低的主旋律，編入不同樂器，搭配勻穩固定的拍子，交互造成音調，正是香水的前、中、後味的香調，真是絕妙比擬啊！

當我們打開了嗅覺，同時會跟著啟動聽覺，甚至透過聯想的知覺，可以培養出有知見的表達力。香氣蘊含著文字和聲音的密碼，若透過說話的詞彙和聲情，愉悅的香氣，讓人不自覺地口吐蓮花，不僅提升了口語表達的能力，更拉近了人際之間的距離。

「花若盛開，蝴蝶自來，人若芳香，善緣必來」，想擁有屬於自己的獨特香氣，散發迷人的氣質與魅力嗎？您只要閱讀這本書，跟著毛毛老師打開心門，走入香氣世界，感受香味，啟動連結，「用香水寵愛自己，用香氣帶出歡愉」。祝您因香氣成為別人腦海中的深刻印象，更因香氣成為人海中被尋覓的那個形象。

聲音魔法學院院長

7

香氣足以撫慰人心
加上精油功效，更能療癒身心靈

光是香氣，就能為人們帶來愉悅、放鬆、舒服、悲傷、生氣等等不同的情緒，甚至帶來一段塵封已久的回憶；愛的記憶、成長的過程所帶來的各種體會。而每個人有著不同的個性、生活成長歷程，使得我們都能成為獨特的個體，對香味也會有不同的喜好，我更相信，每個人身上的氣味也應該是獨特的。如同毛毛老師在本書所說的，你的氣味多專屬，就能創造出無限可能的影響。

我在芳療教學領域已經十多年了，許多人因為天然精油的香氣被吸引，因為精油的功效而開始鑽研芳療理論。在鑽研芳療理論中，漸漸忽略芳香療法的最基本——香氣，在調配的過程中，都專注在精油的功效、化學成分是不是可以針對所要調理的問題，卻漸漸忽略這個配方的氣味是不是自己或個案可以接受、或是喜不喜歡這個味道，因為光是香氣，透過大腦邊緣系統的影響，就足以撫慰人心。所以，調香在芳香療法的教學中也是相當重要的。當氣味對了、精油功效對了，便能為我們的身心靈帶來療癒的效果。

跟毛毛老師是在一間國際知名精油品牌代理公司任職而相識，當時她是該品牌的行銷主管，我時常跟她配合芳療課程的

推動與行銷。她是少數具有極好行銷能力又兼具芳療專業知識的人才，當時我就很常問她：「以妳的能力，怎麼不自己來當講師？不弄一個自己的品牌？」當時她總是很謙虛地認為自己還不夠；後來，我們各自在自己的路上發展，我知道毛毛老師一直堅持在自己夢想的道路上累積著自己，然後，也看到她創立了自己的品牌──香幸創研，對於身為女性的我們，這份堅持與努力真的蘊含著許多的力量。

坊間已有不少調香的專書，但我始終認為，香氣與個人成長文化很有相關。在同一個領域成長的我們，我很快能了解到毛毛老師所要傳遞的香氣文化與意涵，更喜歡她用「經‧緯」香氣設計的方式，讓學習者很快地就上手，為自己挑選香氣、調配出專屬自己的香氣；透過香氣，創造出更有魅力的自己。

陳育歆

國際漢方芳療學院課程總監
《解痛芳療全書》作者

百見不如一聞
這香有禮了

在等待網友首次見面時，我們或許會張大眼睛注目身邊往來可能性的人，但亦可能因為一陣香味飄來，而轉頭尋找來源。人的五感：視、聽、嗅、觸、味，前三者的優先順序依個人、狀況而排定，如果是外貌協會的人，視覺會變成他的第一排序，不過，相信「香味」絕對能扮演最佳輔助角色，因為「香味」會讓人形塑氛圍及無限想像。

初見毛毛老師，那種給人冷靜、有邏輯的外型，還沒透過生理鼻子聞到她身上散發的香氣時，心靈便嗅到她散發的氣息，那是專業與自信的氣味。當她要我幫忙寫序，進而有機會拜讀大作時，更能體得其味、讚嘆不已。此書從文獻探討、技法授受至心得傳輸，無一不精彩；從「心法」至「方法」全不藏私，

尤其對我等不知該以何氣味表達個性的人，更是受用。

　　人都有自身的體味，而這味道除了生理的因果呈現外，也是經歷磨練得風霜滲透。但透過跟毛毛老師的詮釋而學習，竟讓「體味」變「韻味」，進階昇華成為「品味」；讓第一次與網友見面從「百文不如一見」，變成「這『香』有禮了」。重點是，因為這本書，我們「不須經一番寒徹骨，就可得到梅花撲鼻香」。

靜體天心視覺設計創意總監
第 11 屆高雄市廣告創意協會理事長
2015 德國紅點設計獎得主並曾獲國內外百餘個設計獎項

這不只是一部香氣寶典
更是一段激勵人心的創業史

作為創業學院院長，為學院最優秀的學員毛毛老師寫序，既榮幸又欣喜。

一路看著毛毛老師的創業歷程，從品牌行銷高管，到如今創業逐漸起步，短短一年，就在調香界闖出屬於自己的一片天，如今更進一步出書嘉惠所有讀者。佩服毛毛老師的堅定意志，相信以毛毛老師對調香知識的無私分享，必能帶動調香這個專業在台灣快速發展。

看完整本書，這才發現這是一部台灣極為稀缺的調香知識寶典。不同於其他調香書籍，毛毛老師大量介紹古今中外關於香氣的演變、香氣的知識、香氣的種類、香氣與兩性的關係、香氣對於個人魅力的重要性……最後再教會讀者如何調出自己的香氣！可謂是充滿知識性、實用性、互動性，著實是一部不可多得的好書。即使是一位調香小白，看完本書也能調出自己獨一無二的氣味。

本書還有個特點，就是寫作筆法。毛毛老師用極為生動易懂的語言，讓讀者更容易讀懂調香這門專業，例如文中提到「男女都用費洛蒙思考」……當一位女人說：「當我聞到他的氣味，

我就覺得我可以嫁給他！」就是這個無形的氣味魔力在作用。遙想當年拿破崙，也是氣味的著迷者，他在出發征戰前，對愛妻約瑟芬叮囑：「別洗澡，我很快回家了！」足見愛人的體味，在他心中視為無上珍寶，不願意錯過一分一毫。如此生動有趣的描述，會讓你不知不覺愛上調香這件事。

簡言之，這不只是一部不可多得的調香寶典，更是一部現代女性的精采創業故事。看完全部，你就會明白我說的是什麼。

再次為毛毛老師喝采，你是創業學員永遠的標竿，學員們學習的最好榜樣。

陳炳宏

創業學院院長

八年磨一劍的香氣之路
「想像結果，享受過程」香氣設計的元宇宙

我的香氣之路，是生命的體悟之路。

從「凡事用力」到「以終為始」的覺醒過程，這一路花了八年，感謝來自大地的氣息，始終是我的靈魂伴侶。

我人生上半場的二十餘載是位職業婦女，從事品牌行銷企劃工作，主要負責美妝、香氛等消費性產品品牌。在高壓工作環境下，工作、家庭兩頭燒，多重角色切換的過程中，光鮮亮麗與自信的背後，伴隨著被剝奪感與無助感，如人飲水冷暖自知。

在高速轉動的趨勢下，於八年前我就意識第二專長的重要，致力提升自我價值。於是，我相遇了香氣、且能「香」知相惜。香氣給予我的修煉，讓我成為它的翻譯師，能體會出其意並嗅出弦外之音。於是，在品牌行銷領域持續打拚的同時，我開啟了芳療與調香講師的斜槓之路。

我推廣極簡芳療養生的觀念，將精油的應用方法，以更輕鬆易操作的方式，讓人們簡單融入日常生活中，使人們更健康美麗。漸漸的，我將知識體系不斷聚焦迭代，回歸到體驗感受大

地最原始的氣味，以天然的氣味，喚醒心底的覺知，找到自身的亮點，以「香氣設計」散發靈魂光。這個修煉的核心，在於感受當下，感知自己的存在，認同理解差異，打開五感體驗，大地的氣味是令人讚嘆的媒介！

　　因為對於調香與大地氣味的熱愛，我於 2020 年毅然離開職場創業，以最擅長的品牌打造與調香做一個完美的結合，「個人品牌調香系統」應運而生。每一個個體的存在，都值得被欣賞！每一個個體，都是獨立而充滿風情的！我希望協助更多人，遇見心底的那抹香，以獨一無二的氣味來形塑描繪個人形象；更無所畏懼的，讓自己更有魅力、更有自信、更有影響力！

　　在推廣香氣設計的過程中，我善用自媒體的展現力，於短視頻及直播分享香氣設計的內容，將抽象的氣味以活靈活現的方式展現在粉絲面前，虛實整合、延伸五感體驗，打開群眾對於氣味的無限想像力。我更因此在 Tiktok 收獲不少粉絲支持，得到金牌創作者的頭銜。

　　八年前，我在無所畏懼的空氣下 ，與香氣結緣；
　　八年後，我在口罩綑綁的年代裡，以香氣寫下第一本書。

本書送給所有「負重前行」的您們。

氣味因為抽象、飄渺、虛無，

所以您可以漫無目的亦可以擺脫框架，

香氣設計的世界裡，只有您「喜歡」與「不喜歡」，

沒有「應該」、「不應該」或「可以」、「不可以」，

更不會有公式。

隨著對氣味的感知練習，驚艷於斷捨離的快意！

書中闡述的「經‧緯」香氣設計及「畫面充填法」，

期在雲霧中為您點一盞燈。

　　與其將本書作為架上的工具書，更期盼它能在您的手邊，當失落走心時翻開，與 16 位單方氣味好友敘舊談心；或在您生活喘不過氣時，試著學習本書內容玩香氣設計，創造生活中的儀式感及幸福感。當您期待發覺更美好的魅力，不妨跟著調配專屬香氛，相信一定會讓您發現自己的嶄新面貌。

　　我們無法預測這一路有多長、需走過多少荊棘，但請相信荊棘後必有碧海藍天！試著想想最讓您嚮往的畫面景象，將其置入您的潛意識，以彈性而又淡定的心灌溉它，當有天它成真時，您一定會感受得到！

一起去「想像結果，享受過程」。等待它變成該遇見您的模樣。

　　香氣設計的第一本書，我特別邀請我心目中五感的至尊專家們寫推薦序：芳療與品味導師原文嘉老師、口語表達名師郭香蘭院長、漢方芳療專家陳育歆老師、視覺設計黃添貴大師，最後還有我的創業啟蒙恩師創業學院陳炳宏院長。

　　感謝您們的共襄盛舉，為本書增添無限風采！

毛毛老師
香幸創研 & 香幸學苑創辦人

Chapter 1

氣味／關係

你可以不漂亮，但一定要香 做自己的香氣設計師　24

男女都用費洛蒙思考　38

CHAPTER 2

香氣前世 / 今生

老祖宗用香水的演化　46

CHAPTER 3

香氣 / 調性

CHAPTER4

感知／體驗

CHAPTER5

調香／練習

氣味／關係

Designer

你可以不漂亮，但一定要香

做自己的香氣設計師

你的香水正在讓你
變得很無趣！

　　這種窘境場景，你是否感覺熟悉？擦身而過的人，身上散發出和你一模一樣的香水氣味，這種尷尬的「撞香」等級，場面不亞於「撞衫」。如果對方是一位外型亮眼、身上氣味清新好聞的人，我們可能多少還會慶幸自己的眼光品味；反之，若與你撞香的人是個風格懷舊，飄散濃郁髮妝品香氣、或是花露水、古龍水味道的人，肯定也會讓你心中百感交集，懷疑是自己的品味有問題？跟不上對方的「時尚準心」？抑或是忍不住偷偷懷疑送你這瓶香水的朋友是否有點討厭你⋯。

　　用著千篇一律的品牌香水，追捧人云亦云的香調，就有可能出現以上描述的場景，讓你在無形中變成氣味複製人，隨時有和別人撞香的可能，更無法展現出自己獨特、好聞的氣味風格，為自己的魅力加分。

你的氣味多專屬，
就讓人多印象深刻

　　嗅覺是五感中，最能直接快速影響大腦記憶及情緒的感應器。氣味透過鼻腔直達大腦邊緣系統，其深度及持久度，堪稱五感之最。所以，倘若想要在別人的印象中深埋記憶的種子，讓你的個人形象脫穎而出，你身上所散發的氣味，就猶如過彎超車的捷徑，將帶領你通往成功。

　　換言之，氣味時代登場，要抓住人的心，就要先抓住他的鼻子。

　　有句話說：「人與人氣味相投」，這個形容詞一點也不浮誇。有些人氣場強大，人未到氣味先到，這些都是我們肉眼看不到的隱形力量。你有沒有招桃花體質、有沒有讓人信賴的魅力、有沒有吸引財富的氣度，都是個人的氣味所吸引而來。因此，一個人能散發獨一無二的氣息，或是善用氣味，就能描繪形塑自己的辨識度，創立猶如個人的「氣味隱形名片」，來加深烙印他人對你的印象，影響他人對你感觀感受。

　　在形象魅力時代，我們更應該善用「氣味魅力學」來為自己創立優勢，藏拙揚善，優化個人特質，讓自己更人見人愛，獨具魅力。這也是讓你脫穎而出的個人品牌經營術必修學分，讓你在 10 秒彈指間，就被終生難忘，深刻烙印在他人記憶中。快穿上專屬於你的氣味吧！讓你魅力爆棚，不論在感情、事業、人際關係上都能無往不利，幸福如約而至。

嗅覺如何將大腦控制得服服貼貼

　　嗅覺是一種受化學刺激的感受，當氣味的化學分子進入鼻腔，鼻腔再到大腦內的嗅球，在此處理成大腦可讀形式訊息，傳達至負責處理情緒的杏仁核，再到達相鄰負責學習和記憶形成的海馬迴。如果某種氣味與過去發生的事件有關，這些記憶可能就會深埋在腦海，等到某一天因氣味引起的記憶關聯被觸及，潛藏在記憶深處的情緒就會被喚醒，讓人有似曾相似的情境，產生某種偏好或厭惡。同時，因氣味強弱關聯造成的記憶，也會大大提升可信度及真實性。

邊緣系統

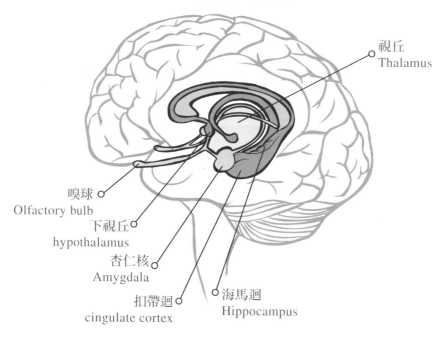

視丘
Thalamus

嗅球
Olfactory bulb

下視丘
hypothalamus

杏仁核
Amygdala

扣帶迴
cingulate cortex

海馬迴
Hippocampus

　　嗅覺與情緒之間的神經連結是非常密切的，氣味與情緒位於同個神經網絡結構，這個網絡就是赫赫有名的邊緣系統。

　　在這個系統中，杏仁核掌管了情緒的位置，我們會有喜怒哀樂等情緒體驗，都是拜杏仁核所賜。當我們接收到某個氣味，杏仁核便會開始啟動，協助我們做出相對應的動作。而且人類從演化開始，就會利用嗅覺去偵測肉眼看不到的化學物質，例如分辨食物的訊號、異性的訊號、地盤領土的訊號等。

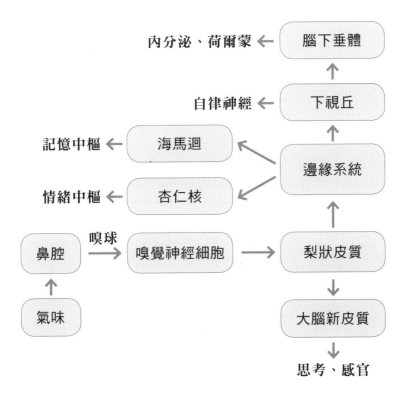

內分泌、荷爾蒙 ← 腦下垂體

自律神經 ← 下視丘

記憶中樞 ← 海馬迴

情緒中樞 ← 杏仁核

邊緣系統

鼻腔 —嗅球→ 嗅覺神經細胞 → 梨狀皮質

氣味

大腦新皮質

思考、感官

邊緣系統 (Limbic System) 是什麼神秘之境？

　　嗅覺與大腦邊緣系統（Limbic System）有直接的連結。「limbic」源自拉丁文「limbus」，意為「邊界」或「邊緣」，在情緒方面扮演著相當重要的角色，例如快樂、悲傷、憤怒等反應，同時也掌管多種功能，包括有短期記憶、學習與性慾。

　　透過嗅覺傳導，氣味化學物質經過大腦血腦屏障，可直達大腦的邊緣系統，像是按了開關一般，直接啟動人類的情緒與記憶，因此，邊緣系統也被稱為「情緒腦」或「記憶腦」。

主要構造

海馬廻（Hippocampus）

大腦掌管記憶功能的部位。人在接收到訊息後，會進入大腦皮質各區做整理，之後來到海馬廻形成短期記憶，再經整理、取捨，送回大腦皮質，變成長期記憶。

杏仁核（Amygdala）

形狀因像杏仁而得名。與所有情緒與情感有關，如喜怒哀樂及強烈情感等情緒反應。而這些情緒情感與精神創傷都儲存在這個區塊中。

下視丘（Hypothalamus）

影響及調整人體的心跳、血壓、飢餓、睡眠等功能。

腦下垂體 (Pituitary Gland)

人體的內分泌腺，分泌荷爾蒙且調節體內平衡。

氣味對記憶與情緒的連結

如果問你，當回想到某個氣味時，你腦中浮現的畫面會想到什麼呢？

曾經有調香練習班的同學跟我說：聞到某品牌的洗髮精氣味，會讓他想起小時候媽媽在幫他吹頭髮的感覺；有人說，聞到地瓜的氣味，就會想起小時候家裡經濟狀況不甚理想，常以地瓜果腹的景象；有人說，聞到橙花的氣味，就會想到家鄉巷口花朵滿開的畫面……

嗅覺、情緒和記憶，三者之間的交互關係密不可分。嗅覺接受到的訊息能直接進入大腦邊緣系統，也就是掌管情緒和記憶的中心。人類對氣味的好惡是非常單純而直覺的，我們常在瞬間喜愛某個氣味，或厭惡某個氣味，這些都是複雜而縝密的情緒系統所左右。也可以說，這樣造成了所謂的「本能」及「潛意識」。

隨著人類的進化演變，這些氣味經驗轉化為情緒記憶，儲存在我們世代的記憶黑盒子中，累世發展成一套認知及行為模式，導引著人類覓食、擇偶，擁有社會階級、價值觀念，遇到某些狀況下該做什麼情緒反應，以至於更複雜的決策行為。

嗅覺是大多數靈長類動物用來體驗世界最初也是最主要的感官，是最原始的本能。然而人類在視覺高度開發，感官體驗達巔峰後，最原始的嗅覺漸漸被遺忘或低估，我們經常以眼睛看到的為準，以「眼見為憑」當作唯一標準，殊不知嗅覺其實更是透過著情緒記憶影響著我們，只是我們沒有發現而已。

鼻子若不好，人生是黑白的

　　正常老化的過程中，嗅覺受器的再生能力大不如前，新細胞無法在老化細胞死亡後即時迭代，嗅覺的敏銳度即會如同其他感官衰退。人類的嗅覺受器在一般健康成人的狀況下，28 天能夠再生一次，如同吸煙者常會覺得聞不出氣味之間的差異，這是因為尼古丁的毒素成分，長期破壞了嗅覺受器，但戒菸後一個月，吸煙者還是能重回健康狀態，嗅聞到芬芳的香氣。

　　然而，嗅覺受器的退化過程仍是不可逆的。年紀愈大，鼻子的嗅聞能力還是會逐漸變差，例如 80 歲的人，最終可能會因為分辨不出放在自己面前的是烤牛排還是咖啡香氣，因而減低美味佳餚當前卻嗅不到香氣的飲食樂趣。

　　而據研究顯示，嗅覺能力的消失，與憂鬱症也有一定程度的關聯。在《氣味的奇幻力量》這本書中，曾有過一個令人印象深刻的真實案例。

　　全球知名澳洲印克斯樂團（INXS）主唱麥克・赫金斯（Mi-chael Hutchence），在經歷一場嚴重的車禍後，人生發生了劇烈轉折，從此深受憂鬱症所苦，依賴百憂解的程度與日俱增。原本麥克是一位無可救藥的享樂主義者，也是相當迷戀各種感官刺激的人；不只對美食氣味迷戀，對性愛香汗淋漓癡迷，對海邊鄉間的氣息也如癡如醉。但這場車禍意外奪去了他的嗅覺，喪失嗅覺宛如扼殺了他對生命的樂趣，進而身心失衡，他曾對好友失控啜泣地說：「我居然

連我女朋友的味道都聞不到了！」從而進入憂鬱症無止盡的深淵，最後以自殺結束自己的生命。

　　嗅覺的喪失，小至失去生活樂趣，大至可能會讓人對生命感到毫無生存意義，它對人生的影響也可見一斑。

　　每個人的人生，都是獨一無二的劇本，有別人複製不了的喜怒哀樂、悲歡情仇。我們都在創造屬於自己的故事，而氣味就像每個章節的引子，少了引子，人生就平淡少了記憶點；反之，若能透過引子串起劇情起承轉合，則能創造令人終生難忘的一生。

Pheromone

男女都用費洛蒙思考

獨一無二的費洛蒙氣味

費洛蒙的英文為 Pheromone，源自「pherein 攜帶」與「horman 激起反應」兩個希臘字所組成。指的是在同種生物個體間擔任傳遞訊息的化學物質，為個體帶來興奮等生理或行為反應。有別於荷爾蒙是一種以體內方式傳播訊息，利用血液輸送至其他部位作用，費洛蒙則是以體外方式來進行訊息傳導，藉著皮膚分泌肉眼看不到的化學訊號，進行不同個體的訊息接收，以達成生存、覓食、警示、求偶等一連串的反應。

費洛蒙通常具有揮發性，可經空氣或水來擴散。經許多研究證明，昆蟲、水生物、哺乳類動物身上都具備有這樣的化學物質，換言之，費洛蒙在動物的世界是普遍存在的。

沒有一個個體的費洛蒙會完全一樣，同等於我們的指紋，都是獨一無二的。以我們人類來說，這些揮發物質透過腋下及肌膚，經過毛髮參雜出獨特的氣味。而不同種族的人體味也會有明顯的差異，除了人種基因的不同，飲食習慣、風土文化等也都造成顯著的影響。

而費洛蒙氣味在人體上的研究，也因為牽涉到文化的變因，顯得更加龐大與複雜。「文化」，會讓同一件事在兩種不同族群產生迥異的結果。例如冰島的發酵鯊魚肉，是他們引以為傲的國菜；同樣的，大名鼎鼎的臭豆腐，也是台灣朋友驕傲想介紹給外國朋友必吃的國民美食，這些在當地人眼中的美食，在其他國家的人眼中卻可能被視為奇臭無比、不敢恭維。由此可見，各國文化的不同，所造成的氣味喜好真的是天差地遠。

Pheromone

人與人來不來電，鼻子說了算

「飲食嗅覺及味覺」是從小生長環境所培養出來的。因此，對氣味的感知，是極其多變細微的，對體味差異的好惡，當然也是難以一概之。同時，我們的體味也會隨著情緒變化、荷爾蒙變化、青春期、更年期、生理期、身體健康狀況、有無服藥等而隨之改變。

人與人來不來電，其實重點關鍵就在於「氣味」。不論男女，都會傾向用氣味來尋找吸引自己的另一半，嗅覺的影響力甚至會高於視覺。因為每個生物體都有一套獨一無二的免疫系統、氣味指紋，不可能完全相同。這樣的獨特性，來自基因的表現，也因此我們每個人都有自己獨特的「體味」。

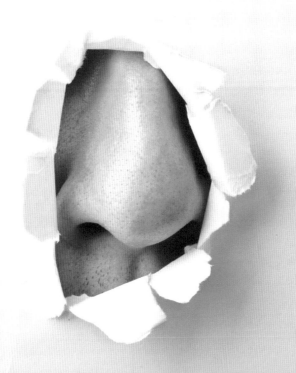

　　有研究指出，生物會透過辨識氣味，尋找與自己基因系統最不同的個體進行交配，以確保「近交」帶來的基因異常繁衍。我們的氣味資料庫像是雷達，以此辨識並挑選適合繁衍後代的另一半。而且幾乎所有的哺乳類動物都有這樣的本能，尤其人類更是依賴氣味，只是我們很難察覺罷了。

　　曾經有個有趣的研究，實驗中讓女人嗅聞幾位男人的汗衫，女人可以很明確指出哪些氣味讓她興致勃勃，哪些讓她無法忍受；而在那些讓她喜愛的男人氣味經過分析之後，通常基因類型也跟這位女人相異較大，受吸引的機率更高。

　　我們一直以為自己在擇偶時，是利用外在的客觀條件例如：外貌、身材、家世、學歷、財富等等來挑選，但其實，這個人的氣味，才是你覺得想要「嫁」或「娶」的那道最後防線。

氣味對關係的影響甚鉅

　　延伸前面飲食嗅覺為例，有時候你覺得好聞無比的男人，在好閨蜜聞起來，卻可能飄散她無法接受的體味；讓男女一見鍾情的，正是這種一拍即合的體味化學作用。當你聽見一位女人說：「我聞到他的氣味，就覺得自己可以嫁給他。」即代表無形的氣味魔力正在產生作用。眾所皆知的法國軍事家拿破崙，也是一位氣味著迷者，他在出發征戰前，曾對愛妻約瑟芬叮嚀：「別洗澡，我很快回家了。」足見愛人的體味在他心中視為無上珍寶，不願意錯過一分一毫。

　　然而，最弔詭的是，雖然女人對氣味相當敏感，卻無法真正分辨「真實體味」及「香水」帶來的差異。換言之，如果男人噴的香水或古龍水是女人喜愛的氣味，她就會覺得這個男人非常性感，容易因此愛上他。由此可見，女人的喜愛與男人的需求，造成香水產業每年數十億美金的規模，不是沒有道理。

　　男人重顏值，女人重氣味。在許多調查結果中顯示，女人被氣味影響的程度，更甚於男人。美國在離婚夫妻的婚姻諮商過程中，最常聽見太太抱怨的內容就是：「無法接受丈夫的『氣味』，而且這已經無關乎對方洗澡與否。」有些人可能是因為健康問題，有些人則可能是因為情緒，而導致身體的氣味有了化學改變，當接收方對於氣味的感知力及喜好，隨著時間及自身化學變化改變，就可能造成夫妻不同調，你不再覺得他的氣味吸引你，甚至厭惡無比，最終走向難以挽回境界。難怪有一說，女人變心是很難再回頭了，殊不知這和氣味也有非常大的關聯。

Chapter 2

香氣前世／今生

Evolution

老祖宗

用香水的演化

埃及時期的香氣與應用

許多歷史學家在古埃及相關文獻中，有找到關於香水的蹤跡。老祖宗使用香水的記載，推算約莫從古埃及時代開始。

埃及炎熱的氣候，使人們格外注重保持體味清新芳香。埃及人會將花朵、香料、藥草等灌入蠟柱，在出席重要活動時，把帶有香氣的蠟柱塗抹在頭上，當蠟遇到體溫漸漸融化，宜人香氣就會隨著人體飄散出來。古埃及人也會採用酒、樹脂、油膏等基質來浸泡香料植物，這些簡單的方式可以萃取出植物精油及香氛物質，並且調配成香水，用來洗澡及噴灑在衣帽服飾上。

他們還會以十多種材料來混合釀製，包括杜松子、松木樹脂、肉桂、薄荷等，製成有香味的球，加熱後使其釋放香氣，製造空間香氛。同時也會用熱帶樹脂混合乳香燃燒，烘烤衣物並淨化空氣。

古埃及人認為宜人的氣味，是健康活力的象徵。他們會利用香料來加強個人香氛、居家環境香氣，也會以香料入藥以及作為美容用品。香料的使用，在古埃及的老祖宗生活中，處處可見蹤影，充滿驚喜及巧思。他們將香氛使用徹底落實在生活中，不分貴賤。除了是皇室貴族愛用，香料同時也是平民百姓的心頭好。

希臘時期熱愛香氣
影響整個殖民地

　　古希臘人熱愛香料，幾乎人人使用香水。在宗教方面，古希臘人認為美好的氣味可以為眾人及神明帶來祈願尊敬，為人們帶來祝福，因此，在宗教儀式中，會燃燒一些香木及樹脂來驅除惡魔、供奉神明；在生活中，他們也會將香料浸泡在食物和酒中，使葡萄酒帶著花香。

　　據記載，亞歷山大東征時，帶回了大量異國珍貴香料及香水，一時間讓噴灑香水蔚為風潮，王宮貴族更會使用珍貴的香料灑在浴池中沐浴，調配精油按摩。珍貴香料的使用，成為古希臘社會身份地位的象徵。古希臘人也從國外進口大量的香精油，各種調配方式琳瑯滿目，造就當地許多香水製造大師。希臘人把他們對香水的鍾情傳遞到地中海殖民地，一路到法國及西班牙，深深影響著地中海區域的香水使用文明。

羅馬時期用香奢華極致講究

到了古羅馬文明輝煌的歐洲大陸時期，古羅馬人的奢華程度，令人瞠目結舌，現代人可能完全無法想像。古羅馬是極度熱愛香料的民族，香水的重度使用者，運用香水的場景，更是到了極致巔峰。羅馬貴族的奢華生活與希臘人相較，更為複雜多變，也更為講究。傳說中，在羅馬帝國最富裕的時期，人們會將豆蔻、乳香、沒藥等昂貴香料混合蜂蜜，製作上等的香膏來使用，或者將其加入湯池裡沐浴淨身；香料具有皮膚滑嫩、美容養顏的功能，香氣也能讓身體放鬆，達到養生功效。一些王室貴族也會在愛駒及鴿子身上噴灑香水，讓經過的地方都飄散香氣，來彰顯自己的身份地位。有些人則會將香油塗抹在房屋外牆上，讓空氣香氣四溢。

另外，相傳古羅馬競技場上戰士出賽時，也會在身體不同部位塗抹不同香氣的乳液，像是具有激勵勇氣作用的百里香，或是以百里香精油沐浴，成為一種自我鼓舞及定心的方式。

而在宗教祭祀上，香料也有相當廣泛的應用。在古埃及、古希臘及古羅馬時期，都有以焚燒香料、樹脂作為敬天的儀式記載，藉由這些供奉神明的宗教用品，得到心靈慰藉及敬仰之情。

歐洲香水的歷史發展

中世紀時期，歐洲進入了「黑暗時期」，當時的狀況，只能以貧窮、愚昧、骯髒來形容。人們不洗澡、不洗頭，體味問題非常嚴重；而且不僅是個人衛生，就連公共環境和集體衛生習慣都令人瞠目結舌。公共廁所的數量不足，人們會在街上隨意便溺，即使貴族也不例外，經常可見在自家宮殿牆角就地方便。加上下水道系統不佳，都市人口擁擠，落後的衛生環境使得城市處處散發惡臭味，滿地人便、豬屎及雞鴨鵝糞與爛泥漿，尤其遇到雨天排水系統出問題時，街道更是成為污水坑，慘不忍睹。

一直到 19 世紀前的歐洲城市，都是污穢連天的情況，迫使人們必須用香水來掩蓋臭味。因此，中世紀歐洲香水的發展，可說是被內外夾攻的臭氣逼出來的，直至西元 12 世紀，巴黎出現香料工匠，法國格拉斯香水製造業起步。因為需求造就了動機與供給，巴黎香水業的發展與繁榮，與骯髒惡臭的環境息息相關。

文藝復興時期，「玩香」更是達到登峰造極的境界。法國貴族與上流社會除了噴灑香水，還會使用香囊及香粉，精美炫目的香氛周邊商品因此也應運而生。華麗的香氛盒、香水戒指，集合了珠寶工藝，更讓上流社會收藏及妝點個人的流行趨之若鶩。此時，人們對香氣迷戀，甚至連鍾愛的寵物也會被擦上主人喜愛的氣味。

西元 15 世紀時，出現了蛇型冷凝器蒸餾的發明，將精油萃取發展推升至更有效率的境界。調香師不只可使用純天然的香料植物來

調香，也逐漸嘗試加上各種精油、香膏來調配香精和香水。香氣媒介呈現多元化，調香師注入更多的創意及活力，此時的香水工業發展達到巔峰。

18 世紀時，香精的等級來到了可突顯一個人的社經地位時代。身份財富愈崇高，就會選用愈珍貴的香精材料。法王路易十五在位時，把自己的皇宮打造成「香水皇宮」。其住所寢宮必須每天更換不同的香水。拿破崙取得政權之後，繼續向外尋訪收藏珍貴奇特香水材料，其摯愛的情人約瑟芬更是對香氛情有獨鍾，據傳宮廷每個月都要用掉 60 瓶茉莉萃取液。另外，她也偏愛麝香氣味，在她死後 60 年，寢室中仍瀰漫著馨香。

19 世紀隨著工業製造技術的發展，香水製成也經歷了重大的改變。香水製作更加重視揮發溶劑的使用，而人工合成香精的誕生，也使香水工業跳躍式地開展。現代化學的進步，直接影響香水的組成配方，多元氣味在這時期被創造出來：各種香調的研發、調配、量產及統一性，品質穩定度也更高。19 世紀中段之後，香水大時代來臨，精緻時尚的香水瓶成為顯學，多家知名香水品牌陸續登場。

20 世紀初，歐洲彌漫一片自由和獨立的風氣。第一次世界大戰戰後，人們從維多利亞時代解放出來，香水也反映了嶄新的風氣及氣象。到了 20 世紀末葉，男性香水重新站上舞台，成為名望與時尚的象徵，這時期的男性香水市場成長非常快速。時至今日，香水不分男女，儼然已成為個人風格、個人形象的表徵。

History

天下用香
無奇不有

埃及豔后的任性

　　埃及歷史記載，香精和油膏用於沐浴或浴後，而且通常將香精儲存在精緻的容器裡。眾所周知的埃及豔后就經常使用 15 種不同氣味的香水和香精油來洗澡，甚至還用香水來浸泡她的船帆，讓她所到之處都充滿香氣，令人神往。奢華任性程度首屈一指，絕對非埃及豔后莫屬。

古埃及木乃伊香香地等待來生

　　古埃及人將「香氣」與「永生不朽」畫上等號，他們認為人死後可復活，而復活的靈魂需要原先的軀體，因此必須把屍體永久保存，供死者來生所需。

　　往生後，人體會製作成木乃伊。先挖去內臟、浸泡鹽水，在腹腔充填乳香、桂皮等香料，縫合後再浸泡特製防腐液，裹上麻布、塗上香脂，層層堆疊，一點都馬虎不得，才能使之長久留存，並表現對死者的敬意。亡者就這樣香香地睡去好幾世紀，直到被後人發現為止。

古羅馬人的香水好像不用錢

古羅馬人癡迷香水已經到強迫症的等級。他們喜歡把香水塗在任何地方，到處噴灑，連馬和圍牆都不放過，深怕一切敗在細節裡。不但平常被當成坐騎的「馬」身上香水跟人一樣濃郁，連家裡養的寵物甚至也跟主人用同一款香水。現代流行的寵物裝已經不夠看，早在古羅馬時期就人畜共用香氣，寵物名符其實才是主子上輩子的情人！

從古至今，人們聞起來的氣味與社會經濟地位有著象徵上的強烈關聯。有權有勢的貴族用著高級香精，散發怡人香氣；反之，社會底層的人給人印象就是夾雜著勞苦汗臭，甚至混著腐敗變質的氣味。這些透過世代嗅覺記憶至今，早已根深蒂固，深深烙印在人類的 DNA 中，一旦我們覺得這個人聞起來臭臭的，就會主觀地認為他的社會地位屬於勞工階級，或是比較貧窮，財務經濟不富裕。

時序推進至 21 世紀，以較科學的角度來看待氣味這件事，生活條件較不寬裕的人，或許是因為勞力工作無法負擔較大的居住空間，當起居室、廚房、廁所空間較狹小，生活的氣味便難免都會混雜在一起。假如一個人身上總是飄散出菜味、油耗味或是樟腦丸等味道，很難會讓人將他與時尚品味及尊榮感聯想在一起。

氣味，不但透露出了一個人的社會階層生活樣貌，另一方面，也是品味的呈現與自我要求的體現。

除了身體飄散出來的濃厚味道會遭人側目之外，若口腔散發出不好聞的氣味，也會讓人際關係受到影響。20 世紀初期，知名的漱口水品牌李施德霖（Listerine），便嗅到了這股商機，於 1920 年研發出漱口水商品，主打「口臭」是一種對社交不禮貌的行為，讓人意識到清新的口氣不但可以帶來成功的社交關係，口氣清香，更是一種必要的禮儀象徵。

各國人種的氣味

亞洲人的汗腺不若白種人發達，體毛也較少，體味相對歐洲人來說味道較淡。除了先天基因關係之外，不同種族族群聞起來的體味之所以有差異，最顯著的原因可能還是來自於飲食文化。每個國家都有自己喜愛的食物偏好，這些食物所含的香料成分會影響汗液成分，透過皮膚蒸散出來，形成個人的體味。

體味的消除，也讓各種除臭商品應運而生，而且每個國家各有不同的有趣現象。據傳，法國清潔劑因為不重視將汗液中的脂肪酸化學物質分解效能，因此常讓人覺得歐洲人即便洗完澡，穿上乾淨的衣服，體味依舊聞得到。而北美洲的洗衣精就很重視衣物除臭的功能，像是洗衣品牌 Tide 就超級除臭，洗完的衣服散發香香的清潔劑味道，並且可以停留在衣物上非常久，深受不少民眾喜愛。

另外，年齡也會影響體味的呈現。沐浴過的嬰兒，氣味好聞到讓人覺得世界彷彿美好到沒有煩惱，充滿了香甜粉嫩感，忍不住讓人想偷偷咬一口。但殘酷的是，根據種種數據及成見顯示，隨著年齡增長，人們體味會愈來愈難聞，而隨著生活方式改變，體味也愈來愈複雜。日本某知名彩妝保養品公司曾經做過一項研究，請 22 名年齡介在 26 歲至 75 歲的男女受試者，連續三晚穿著一件汗衫睡覺，之後再對汗衫進行成分分析。實驗結果發現，年紀超過 40 歲的 9 位受試者，其穿著的汗衫有較大量的化學物質，被認為有難聞的油膩味及腥味，而較年長的人身上，散發的體味也大多具有這種共同性。

香氣的取得及保存

　　據歷史記載，遠古時代的香料多應用於敬神祭祀，
之後隨著人類文化發展，香料應用的範圍也逐步擴
大。從天然植物萃取出精油，發展出各種香氛應用，
並且隨著技術發展，工具的運用、精油的提取方式，
也愈來愈進步且高效率。壓榨及蒸餾等技術，逐漸成
為精油淬煉的最主要方式。

精油萃取

• 蒸餾法

蒸餾法是最常見用來萃取動物與植物香氛物質的一種方式，也是一種相對成本較低的方法。

中古世紀阿拉伯人發明了蒸餾法，藉由芳香分子沸點高於水的特性，利用高溫蒸氣設備將芳香分子由水蒸氣帶出。芳香分子經過冷凝管，冷卻後跟水蒸氣分離，一邊收集萃取出的精油，另一邊則收集水相物質，即為純露，也是俗稱的花水。

植物較柔軟的部分如葉片、花瓣，不需經過特殊處理就可以直接蒸餾，而樹幹、樹皮、種子及根部等較堅硬的部位，則需要先經過切割、壓碎或磨碎等步驟來幫助香氛分子釋放，才能進行蒸餾。而某些植物如香蜂草及玫瑰等，一經採收就需要立刻進行蒸餾流程，因為這類植物採收後體內的酵素就會開始變化，容易產生不好聞的氣味。

不過，蒸餾法採用高溫蒸氣的手法，對於不耐高溫的芳香分子會難以留存，多少會造成成分結構上的破壞。所以一般來說，較高級的香精會避免使用蒸餾法，精油取得的成本相對也會提高。蒸餾法適合非水溶性、遇熱安定的植物萃取，例如迷迭香、薰衣草、薄荷、茶樹、橙花等精油。

• 脂吸法

脂吸法是一種可追溯至遠古時期，非常古老的一種香氛提取方式，從古埃及時期就找得到這種萃取法的蹤跡。

其原理方式是將具有揮發性芳香分子的花瓣，利用其可溶於脂肪的特性，將花瓣鋪滿在兩面塗有油脂、木頭鑲邊的玻璃盤上，放置至少 1～3 天，待花瓣上的香氛物質被脂肪吸收之後，再重新鋪上新鮮花瓣，直到油脂中吸飽芳香分子為止。最後，再以一種含酒精的溶劑將芳香油脂進行溶解，把精油萃取出來。高濃度的芳香油脂稱為香脂或香膏，在古時候是直接塗抹使用，增加個人香氣，也可以添加於保養品中使用。

由於脂吸法是利用天然油脂在低溫下來擷取芳香物質，其未經過高溫加熱，芳香成分不會受熱破壞，因此所提取的香脂最接近天然花香，非常適合花瓣類型香調的提取，尤其像是茉莉花等易受高溫影響的植物。但脂吸法非常耗費人力，人力成本過高，時至今日，茉莉花香精也逐漸改由溶劑萃取法獲得。

- **壓榨法**

壓榨法常被用來萃取柑橘、果皮類的精油。方式為將果皮、果實放在滾筒間穿刺及壓碎，再以離心法將精油及殘渣分離。因精油為直接壓榨取得，所以精油中會含有少許蠟質等非揮發性成分。此類型的精油較容易腐敗，採得的精油通常需要冷藏保存。精油開封後，也建議儘快用完。

- **溶劑萃取法**

溶劑萃取法又稱乾洗法，方式是將植物置於密閉不通風的容器中，反覆以溶劑來回澆淋，以溶解出精油，再以低溫蒸餾處理去掉溶劑，產生固態的蠟狀糊，稱為凝香體，而後以高純度的乙醇萃取，產生高濃度的液體，稱為原精（absolute）。

溶劑萃取法也常被用來萃取樹脂、樹膠及動物腺體香料，例如：麝香貓、麝香、海狸香等。

Chapter 3

香氣／調性

Balance

天然香氛與居家生活
平衡身心靈

天然香氛重要性

　　現代人生活壓力大，步調緊張忙碌，無論工作或生活瑣事常壓得人喘不過氣，身心俱疲。晚上回到家後很需要好好放鬆，獲得心靈上的舒緩平靜，來紓解白天的緊繃焦慮。這時，天然香氛就可以很好地發揮功能，可以多利用精油來療癒及達到身心靈平衡的效果。

　　以下要推薦大家幾款精油，不論你是選擇使用薰香蠟燭、擴香機、擴香竹，都能在居家空間如寢室、浴室、客廳等空間，營造良好的舒緩放鬆氛圍，進而達到放鬆情緒、提升睡眠品質功效。或是將精油滴在泡澡水或泡腳水中，都是很方便的方式。

這些是具有舒緩放鬆，又能安撫焦慮的精油

辛苦奔波了一天，晚上回到家總是迫不及待換上舒服的家居服，擺脫外在的束縛與壓迫。晚上可以善用精油舒緩放鬆的能力，讓居家休息的區域，散發著柔和舒壓的氛圍，紓解一天的緊張與疲憊。臥室中，擺放這類具有放鬆能力的精油擴香竹，可以提升睡眠品質，一夜好眠。

回家的那套『家居服』

薰衣草

能舒壓、療癒，給人滿滿包覆著的安全感。

甜橙

具有使人樂觀思考特性；淡淡的香甜氣息，讓人彷彿回到孩提時光。

苦橙葉

舒緩解憂鬱，安神提升睡眠品質，讓人一夜好眠。

玫瑰天竺葵

優雅的花香調，能平衡放鬆。

乳香

有助沉靜冥想，能深層舒壓。

這些是具有提振精神，又能淨化空氣的精油

　　白天也可以善用精油的清新淨化能力，讓居家環境及工作環境氣味宜人，創造好心情。同時，選擇具有提振功能的精油，也可以讓人提升專注力與增進記憶力。以精油擴香竹放在工作場域中，或用徒手滴精油嗅聞，都是瞬間提振及鼓舞心情的好方法。

生活中的『啦啦隊』

佛手柑

給人樂觀、向陽的特性，帶有淡淡柑橘味，能幫助創造幸福感。

檸檬馬鞭草

帶有淡淡檸檬香，特性為從容自在，讓人感覺怡然自得。

澳洲尤加利

抗菌、抗病毒、防蟎，能清新潔淨居家空氣。

迷迭香

提神醒腦、精神振奮，讓人開啟充滿希望的一天。

甜馬鬱蘭

充滿正能量，給人勇氣及支持的力量。

　　除了居家環境用精油擴香外，我們也可以調配天然精油香水，設計出自己喜歡的氣味，不但可以當作個人香水使用，也可以在環境空間四周噴灑，以大自然的氣息，療癒情緒，並創造幸福感。

　　由於本書建議採用天然植物精油，因此能夠真正安全無虞地將香氛融入生活中，讓香氣設計的理念，可以 360 度地創造魅力及健康身心，落實在各個角落與日常，成為生活中的一種儀式感。只要學會了香氣設計，不但可以調配出氣味宜人的香水，還可以用來當作身心靈平衡、舒壓放鬆、清新提神的多種用途，面向相當廣泛。

　　精油的氣味聞起來能使人身心舒暢，不過，慎選產品來源是當中非常重要的一環。有些不肖商人以化學成分合成出來的香精魚目混珠，會對身體產生傷害，長期使用更是有致癌風險。

　　來自我們生活中的各種香氣真真假假，甚至連食物都有可能加入香精調味，或者化學添加劑等，以幾可亂真的合成氣味，來騙取暴利，造成許多食安問題。例如電視新聞曾經做過一些關於食安的報導專題，一碗香氣四溢的濃郁豚骨拉麵湯頭，其實背後是用合成香精攪一攪就可以變出來的！而這些合成香精吃進我們的身體裡難以自然代謝，長期下來還會累積毒素，輕則引發過敏，重則甚至會擾亂人體荷爾蒙，引發惡性腫瘤，不得不慎防。

　　因此，在我們的日常生活中，對於香氣的產品來源更要慎選。一些車用香精、清潔劑、芳香劑因價格低廉，少有天然精油製作，大多都以合成香精來達到成本控制，還是少用為妙。

Secret

香水瓶裡的秘密

香水是怎麼組成的？

　　一般來說，香水主要由精油、酒精、蒸餾水組成。而調配香水時，我們會使用香水級酒精，其已經過處理，降低酒精的嗆味及刺鼻味，並且當中已含有適合的酒精及蒸餾水比例，故亦可直接拿來與精油調配，成為天然香水。

　　精油早期也稱為香精，但為了避免與合成香精、化工香精混用，後來盡量以精油來稱呼。精油是香水裡面最重要的一環，能夠決定香水的濃度，進而細分成不同的香調與香水種類。而酒精則是香水的溶劑，能夠使香氛物質均勻，並得到更好的揮發能力。蒸餾水則能適度中和酒精對嗅覺所帶來的刺激感。

　　香水中所含有的精油濃度，稱為「賦香率」，依照濃度和在人體身上的香味持久度做劃分，分別為以下 5 種：

賦香率

分類	精油濃度	持香時間
香精 / 濃香水 Perfume（Parfum）	20% 以上	6-8 小時
淡香精 / 香水 EDP（Eau de Parfum）	10 ～ 20%	4-5 小時
淡香水 EDT（Eau de Toilette）	5 ～ 10%	2-3 小時
古龍水 Eau de Cologne	3 ～ 5%	1-2 小時
清淡香水 Eau Fraiche	1 ～ 2%	1 小時左右

※ 以純精油調配天然香水，因無添加特殊定香成分，持香時間會比上述稍加減半。

- **淡香精（簡稱 EDP）**

　淡香精是最常見的「香水」，氣味上比香精更平易近人，幾乎任何場合都能使用，是接受度最高、最常被使用的種類，也因此香水二字也被直接用來當作通稱。特性豐富具層次感，一般來說，可以持香接近半天。

- **淡香水（簡稱 EDT)**

　近年來「素顏妝」成為休閒時的裝扮趨勢，有點淡妝但是看起來又像素顏般乾淨。因此，在個人香氛表現上，也崇尚淡雅香氣，不會給人壓迫感，香氣在不經意動作間流露，散發自然不造作的淡淡

清香，也讓人的好感度跟著提升。淡香水具有清爽、穿透性高的特性，很適合於日常生活、工作場合、戶外活動時使用，也可以作為很好的補香選項。

- **古龍水**

　　濃度低氣味清淡，嗅覺上給人清爽的感受，常被用於男性香水或鬍後水。實際上，古龍水並非是一種男性特定的香水，而是香水賦香率的一種種類。

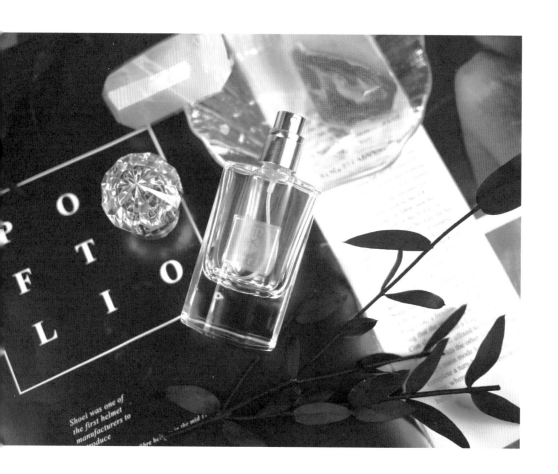

大地的氣息，蓬勃的生機……

時而用花香調，待我柔軟並適度綻放

時而用柑橘調，讓我擁有快樂的能力

時而用草本調，伴我舒緩大口深呼吸

時而用薄荷調，如揮揮衣袖灑脫帥氣

時而用辛香調，激發幽默感看盡世事

時而用泥土調，賦予安定踏實支持感

時而用木質調，引領沉著並高瞻遠矚

時而用樹脂調，沉思獨處並流動再生

就讓香調的應用，

創造出各種情境，揮灑屬於你的精采故事……

8 大香氣調性分類

植物香氛，不定義取自植物的哪一個部位來分類，而是以氣味感受，大致上分為 8 大香調：

Floral Group 花香調

花朵散發出來的氣味，尤其是由花瓣萃取而來。花香調的玫瑰、橙花、天竺葵等給人優雅、柔和、粉嫩的感受；羅馬洋甘菊給人甜美的氣息；而完全依蘭則有種神秘魅惑、性感動人的氛圍。

用風情萬種的女性類型來比擬花香調精油相當合適。奧圖玫瑰有著猶如女王般的姿態，及肩中長髮、講究精緻的妝容，美麗迷人；玫瑰天竺葵及玫瑰草，雖然有著淡淡的玫瑰氣味，但參雜草本、葉片、些微泥土的氣息，給人的感受就不像奧圖玫瑰那般高不可攀，有點像是穿著棉質洋裝鄰家女孩、善解人意的大姊姊，舒服耐看。

橙花則是清新脫俗的小公主、自帶光芒的仙女，給人氣質不凡的感受；而依蘭則流露著魅惑感，彷似渾身上下散發著嫵媚柔情的女人，有著小蠻腰、不時撥弄著長髮，神秘而撩人。羅馬洋甘菊像是充滿孩子氣的家中么女，而薰衣草則是顧全大局的偉大母親。

花香調的氣味，在女性香水中很受歡迎。使用花香調的香水，就像是綻放的花朵，等著蝴蝶蜜蜂來採蜜，在美麗的妝容之外，更添加了一絲自信風采。而男香或中性香調，則通常會在中後調添加少許花香，幫助提升魅力，增加柔情及體貼的特質。

　　花香調接受度很高，在香氣設計中也很隨和，與任何一種香調類型都能搭配，不論是木質調、草本調、樹脂調都很適合。在想要達到吸引異性效用的香水中，一定都會看到花香調的身影，可以帶來意想不到催情的效果。

Citrus Group 柑橘調

來自柑橘類果皮萃取的氣味，帶有陽光、香甜、有活力的氣息，很適合調配白天使用的香水。果皮類的精油包括：甜橙、佛手柑、葡萄柚、檸檬、萊姆、柑桔等，有種果皮撥開時散發出來的新鮮、可口、甘甜感受，但同時又會參雜著果皮的苦與澀。

另一種草本型的柑橘調，包括有：香蜂草、檸檬馬鞭草、山雞椒、檸檬香茅等。這些精油雖然都有檸檬氣息，但氣味各有千秋，或濃烈、或淡雅，各有所長。

柑橘調是香水不可或缺的前調首選。其香氣分子輕盈，可以瞬間讓鼻腔接收，快速拉近你和他人的距離、提升好感度，是創造「人見人愛」個人特色的靈魂角色。

而且柑橘調也具有「好人緣」的特質，跟任何一類型的氣味都很搭，完全不用擔心違和的狀況會發生，非常討喜。

Herb Group 草本調

　　帶著葉片樹枝，或整株唇形科植物的氣味，草本調就像透過綠色濾鏡看世界，讓人有清新乾淨、心曠神怡的感受。草本調有時如一陣微風吹過綠茵，給人充滿希望活力的初春夏末感受；有時如踩踏著草地，在草地上或躺或坐、放空心境發呆般的自在心境，無關季節。草本調可以營造一股輕盈自然的氛圍，很真實，很接地氣，四季都可以使用。

　　苦橙葉、澳洲尤加利枝葉類的氣味，是樹木的蔥鬱，帶點深綠油亮。色彩飽和度高，像是法國畫家「大傑克島的星期天下午」的草地及週末午後陽光；油彩的筆觸大膽有勁，則像是莫內的「睡蓮池」那抹綠。

　　而整株唇形科植物如：迷迭香、快樂鼠尾草、羅勒的氣味，則帶有連接土地的草根氣味，給人草原的芬芳、矮矮短短、碰到刺刺癢癢、太陽曬過暖暖的感受。猶如水彩畫作中，小女孩在大片草坪上輕舞飛揚的畫面感。

　　以草本調當陪襯時，可以把花香調更襯托出主角的風範，把柑橘調襯托地更新鮮有味。而當它成為主調時，又會不負眾望，呈現芳草茂盛的清新景象。

Mint Group 薄荷調

清涼輕爽，直接不拐彎抹角、一根腸子通到底的氣味。帶有薄荷醇的氣味，輕輕的、涼涼的、舒氣通暢，很適合春夏天，也適合去戶外時穿搭使用。薄荷調非常適合搭配草本調，可以說是絕配，它可以中和草本調過甚的「草味」，帶入一種清爽乾淨的文青感。草本薄荷調，營造的就是一種極簡風格，不贅飾、不囉唆，就像是白 T－shirt 搭配卡其褲，拎上棉布單肩背包，雙手插口袋就可以出門！

Woody Group 木質調

　　屬於木材、松柏科，有厚實支持的力量感氣味。木質調讓原本輕盈飄忽的氣味有了重量，給人沉靜安全感。松柏科的高度象徵高瞻遠矚，可以把氣味格局放大，對於空間感也有放大的效果。大西洋雪松、杜松、花梨木、膠冷杉等木質香氛，用在家中及工作環境中，能夠擴大空間視覺，讓人心胸開闊，猶如站在 20 層高樓遠眺，放眼望去皆是美景。用於人的身上，則能使自己的視野格局放大，思維高度更上層樓。

　　木質調氣味跟大多香調都可搭配，是很稱職的氣味後盾，穩妥地不搶前調及中調的戲份，又能將整個氣味 hold 住，支撐著具有厚度的後調。木質調跟花香調是門當戶對的氣味，若草本調是花香調公主的七個小矮人，木質調就是正宗的王子，挽著花香調公主出場，風度翩翩的最佳男主角。紅毯上，美麗女明星身旁總要挽著氣宇軒昂的男士，這個畫面才會賞心悅目。善用適當的調性搭配，就能收到相得益彰的效果。

Spicy Group 辛香調

　　辛辣中帶有溫暖的氣味，像耶誕節的那杯熱紅酒，感恩節前夕街道上飄來的肉桂可可味。辛香調可以讓氣味更有創意，更有趣、充滿熱情。如果你受夠了一成不變的生活，覺得太自律、重視形象讓你有點累、喘不過氣，辛香調的冒險氣息就像為你穿上了勇氣的翅膀，讓人躍躍欲試突破框架。

　　黑胡椒、肉豆蔻、丁香帶有種子的爆發力，就像是充滿正義感的青年，即便知道大人的世界有時不免虛偽，也不願回到孩提時代，而是直視這個世界，用幽默感改變看待世界的方法。

　　辛香調提味的效果也很棒，不論是入菜或調配香氣，都能扛起氣味整體起承轉合中的「轉」，塑造亮點、創造話題，帶來為之一亮的效果，小兵立大功。

Earthy Group 泥土調

泥土是跟大地最接近的存在。聞到泥土的味道，會讓我們拉回此時此刻，感受著腳下的這一方土，不企求未來、不執著過往、不遙望遠方，不回首來時路，只低頭看看現在。

泥土氣息，帶有一點水氣潮溼感，像是剛下過雨，或者山雨欲來前空氣潮濕的味道，岩蘭草及廣藿香是這一類型的氣味代表。泥土調的氣味，像歸鄉的旅人、異鄉的遊子，在泥濘中找到回家的路，推開唧唧作響厚重的木門，迎面而來潮濕味，令人感到熟悉安心。而且廣藿香還有一股中藥及木頭的氣味，散發著東方情調，以及厚重木質氣息的使命感。

泥土調可以讓整體氣味具有抓地性，讓飄忽的氣味增添定性，具有定香的效果，氣味較持久，延長持香率。也讓城市中的浮雲遊子，有了家鄉的撫慰，安定了漂泊的靈魂。

Balsamic Group 樹脂調

樹脂是樹皮破損時，流出來濃稠芳香的物質。凝結在樹皮表面，減少水分繼續流失，也讓樹木免於病蟲害。在樹體內，它是一種流動的存在，也促進著流動；樹體外，它是一種固守的表態，執著也大器。樹脂調，就像流動的前世，封存的今生。乳香、沒藥、安息香就是樹脂調的典型代表。

樹脂的氣味，有著晶瑩剔透，結晶包覆物質的甘甜氣味。像是老師傅手中的老麵糰不斷揉捏，不斷摻進了新麵粉；舊麵粉、空氣、溫度，不斷新舊交替包覆，一種熟成的氣味，來自許多物質的成全。

樹脂調的氣味具有流動性，在氣味設計中，可以為前調及中調填補空洞，補位能力非常好，不搶風頭，適性順流。與花香調搭配，帶有神秘感，能塑造層次，也可以營造異國風情。到了後調，樹脂調氣味有過盡千帆的沉澱、冥想、深度與盪氣迴腸。

像是看老電影，一幕幕轉動迭代，時光是最好的催化劑，有著大時代中小人物的悲歡離合，小時代中大人物的風生水起。走著走著，跑著跑著，有的散了，有的再遇見，笑著揮手，哭著擁抱。樹脂調的氣味，就像是一個大型攪拌機，是一種集大成，沉澱後的氣味。有著難以言喻的既廣曠又渺小，轉換一世紀，昇華一世代，前世今生也如彈指般，只是形在轉化。

認識香水前中後調

　　香水是否持久，不只是精油濃度賦香率的問題，與當中的配方設計也息息相關。而香水的氣味中，能夠區分成「前、中、後」調，這些成分的特性也造就香水富有不同層次，更是在不同人身上創造出不一樣的氣味。

　　在設計時，前中後香調的編排，與香氣分子重量有很大的關係，也可將其劃分稱做高中低音。氣味分子越輕的愈先揮發出來，讓鼻腔最先接收到，就是「前調」用來營造給他人的第一印象。氣味分子較輕的，含萜烯類偏高的精油多屬這類，包括柑橘調的甜橙、佛手柑、葡萄柚、檸檬等。或是氧化物含量高的精油，例如：澳洲尤加利、綠花白千層、迷迭香等。

　　過了幾分鐘後，前調漸漸揮發退散，開始展現出來的，是中音的氣味，其設計編排依屬性成為「中調」，也是香氣設計的核心，故事的主軸，氣味的主調。中調的氣味，身負橋樑角色，把前調氣味順暢銜接到後調，包括有：苦橙葉、薰衣草、玫瑰天竺葵等。而中音氣味裡，又不乏需要創造亮點轉折，讓氣味充滿趣味及驚喜的角色，這些精油則有黑胡椒、丁香等。

　　最後，當前調與中調揮發殆盡，留存在身體上淡淡的，似有若無的氣味，可以讓氣味維持更久遠的，就是「後調」。這些香氣分子通常較重，揮發慢，留香率久，多數也有定香的效果。香氣配方中，中後調比重高時，持香就會較長。木質調、樹脂調、泥土調都有這

樣的強項，例如：大西洋雪松、安息香、廣藿香等。而花香調也大多屬於後調，包括：完全依蘭、永久花、茉莉等。

　　每個人天生體味不同、體溫不同，透過皮膚蒸散出來的化學物質成分不同，使香水在身上融合出獨特的氣味，便成為你獨一無二的氣味隱形名片。

　　不同人使用同款香水在前調時可能聞起來差異不大，愈到後面，就愈能走出迴異路線，這就是香氣的奇妙之處！我們的身體自成一個小宇宙，大自然的香氣經過調配設計，儼然已成為嗅得見的山與河。

前中後調精油代表

《前調》 *Top Note*

柑橘調 Citrus

甜橙　　佛手柑　　葡萄柚　　檸檬

草本調 Herb

迷迭香　　尤加利　　百里香

白千層　　羅勒

其他 Other

奧圖玫瑰　　　　　　薑

氣味濃郁，一聞就可感受及辨識，被歸類在前調。

《中調》 *Middle Note*

花香調 Floral

玫瑰天竺葵　　玫瑰草　　　橙花　　　薰衣草

草本調 Herb

苦橙葉　　　　快樂鼠尾草

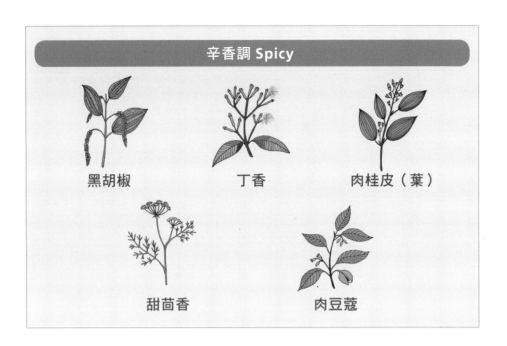

辛香調 Spicy

黑胡椒　　丁香　　肉桂皮（葉）

甜茴香　　肉豆蔻

《後調》 *Base Note*

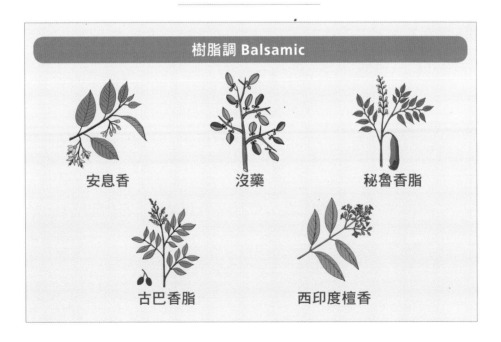

樹脂調 Balsamic

安息香　　沒藥　　秘魯香脂

古巴香脂　　西印度檀香

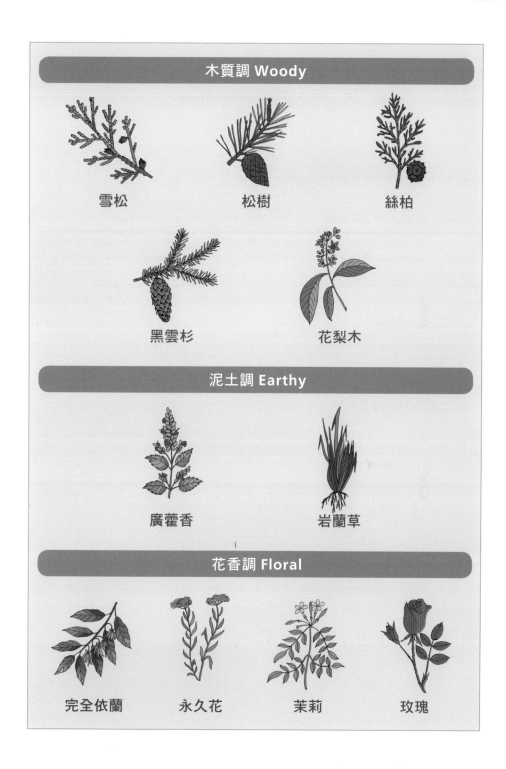

木質調 Woody

雪松　　　　松樹　　　　絲柏

黑雲杉　　　　花梨木

泥土調 Earthy

廣藿香　　　　岩蘭草

花香調 Floral

完全依蘭　　　永久花　　　茉莉　　　玫瑰

香水 / 音樂 / 繪畫
世界三大藝術

香水、音樂、繪畫，都是以「調」來堆疊架構的。

音樂的「音調」，是音樂作品的核心。譜曲定調後，形成優美的旋律，不論是樂器演奏或是歌者演唱，都能循著音調，抑揚頓挫，行雲流水。

繪畫的「色調」，是美術作品的靈魂。色調拿捏得當，濃淡合宜，並以色調抒發藝術家的主題創意，就能成就美輪美奐，令觀賞者讚嘆的巨作。

最後我們說說香水的「香調」。以前中後調為經，香氣調性為緯，交織成令人神往的香氣設計，由「柔、剛、清、濁」四韻，互相成就構成和諧香調。

柔韻：以新鮮花果、草葉為代表的柔美香氣。

剛韻：指的是辛香料，香氣較有個性稜角、粗糙，一般用於提味。

香調四韻

清韻：未成熟的植物香氣。

濁韻：成熟的植物香氣。

大約在 19 世紀，查爾斯・皮瑟爾（Charles Piesse）提出了香水的排列應該像音樂作品的音調一樣，有著自己的秩序、音階概念，而這樣的理念逐漸被香水業界所接受。香氣是由多種芳香分子組成，這些成分的物理、有機化學特性，和香氣有著密不可分的關係，相互依存、協調影響。而音樂音調中的高、中、低音，恰如其份也體現了香調的前、中、後調。

前調是前鋒，是一些沸點較低的香氣分子，會率先揮發出來，也是一開始最先聞到的氣味，不持久，大約幾分鐘就會消散無蹤。其輕盈的特性，可以讓人快速感受到對你的第一印象，並且有轉換情緒及意念的效果。

> 以擬人形象比喻，高音像是脫韁的孩子，淘氣地拉都拉不住，當你回神時，他已踩了一地的泥濘，在每個人的腦海裡，烙印下滿滿的足跡。

中調是香水的主調，就像音樂作品的主旋律，也是這款香水的故事核心。在香氣設計中，要在中調充分展現主題，讓香氣魅力發揮，其揮發停留的時間也較長，能夠讓使用者及周遭的人，盡情享受這個氣味帶來的愉悅感受。

> 中音也是高音氣息傳遞到低音的橋樑，擔任點對點的重要催化，銜接兩端的鮮明。中音像是通往雋永的走廊，走過這段小徑，就會讓你看見另一個全新世界。

後調是香水留香的展現。它的尾韻能讓這款香氣餘音繚繞、綿延悠長，即使經歷時間催化，仍舊能讓人回味無窮。

> 低音像是意義深長的紀念品，當曲終人散時，它依舊徘徊著、流連著、低吟著，踱步來回走著，卻讓人念念不忘。

以常見單方精油來說，高音精油如佛手柑、甜橙等，這些高揮發的精油讓香水帶有明亮清爽的感覺，像交響樂中小提琴所扮演的角色。而中音精油如薰衣草、苦橙葉、玫瑰天竺葵等，香味趨向溫暖飽和，兼具協調的特性，像是鋼琴的音色，成為主旋律。最後的低音氣味沉穩，有如鋪墊貫穿整首音樂，也帶來低吟的安定人心，包含廣藿香、安息香、大西洋雪松等。低音的氣味對於整體香氛的完整性有至關重要的影響，扮演著定香的功能，它們能減緩高音及中音的揮發速度，讓香味更持久。

香調	花香調	柑橘調	草本調	木質調	薄荷調	辛香調	泥土調	樹脂調
前調	· 奧圖玫瑰	· 佛手柑 · 甜橙 · 葡萄柚	· 迷迭香 · 羅勒 · 澳洲尤加利		· 胡椒薄荷 · 綠薄荷			
中調	· 薰衣草 · 玫瑰天竺葵 · 羅馬洋甘菊 · 橙花	· 檸檬香蜂草 · 檸檬馬鞭草	· 快樂鼠尾草 · 苦橙葉	· 杜松漿果		· 黑胡椒 · 丁香 · 肉桂		
後調	· 完全依蘭 · 茉莉			· 大西洋雪松 · 膠冷杉 · 花梨木			· 岩蘭草 · 廣藿香	· 乳香 · 沒藥 · 安息香

Chapter 4

感知／體驗

對氣味的感知練習

　　學習香氣設計的過程，就像是嗅覺開發，帶動五感全開的奇妙旅程。在體驗及感受每個單方精油氣味的時候，我們要試著以文字及語言來具體表達，善用你擁有的詞彙，不論是形容詞也好，句子也罷，閃過腦中的字彙一個都不要放過，將它一一記錄下來。你的意念像是匍匐的獅子，等待著獵物出現的那一剎那，把注意力放在關注靈感出現的瞬間。

✓ 你心中最飽和的顏色是什麼？

✓ 聽過最溫暖的聲音是什麼？

✓ 最難忘的滋味是什麼？

✓ 最踏實的擁抱是什麼感受？

✓ 最牽動思緒的氣味是什麼？

　　這時，氣味會牽引你的神經系統，並且活化整個網絡，讓你更加關注自己的心靈及身體，去聆聽身體這個有機體發出的訊號。它向宇宙發出的訊號，除了當一個旁觀者觀察它，漸漸地你會發現，你也可以自由地發出許多訊號。

　　藉由與單方精油的互動連結，可以開發自己的直覺力與洞悉能力。這股洞悉力，可以讓我們更淡定，了解到萬事萬物皆有其運作的軌

道，你不用討好任何人，也不用勉強任何感覺，順其自然不強求，就是最大的修煉，也是人世間的修行。我相信這是強大的造物主，利用大自然的禮物，給我們的啟示。看懂了，就是善待自己的開始。

在開啟了嗅覺的同時，最大的副作用是，你的聽覺也會被開啟。

你會發現，從前原本習慣關起來的耳朵，會忽然聽見很多東西，你對周遭的感受力會變敏感，觀察力變細微。你會開始聽懂別人的弦外之音：例如從原本聽到鄰座的人在爭執，而開始同理兩人的立場；聽交響樂，你可以聽出不同樂器像在對話。瞬間，你會有種泡完溫泉毛細孔全開的快感，宛如全身的細胞都打開般地通透。

人類的五感，最早開發的是觸覺。我們在媽媽的肚子裡時，就可以感受到媽媽撫摸肚子的撫觸，有如撫摸在我們身上的感覺。而嗅覺是繼觸覺後開發的感覺，出生幾個月內，嬰兒雖然看不清楚眼前的事物，卻可以利用嗅覺來辨別照顧者。尤其媽媽身上的氣味，是嬰兒與這世界最強烈的連結，有如未出生前的臍帶，緊抓著孕育生命的母親。

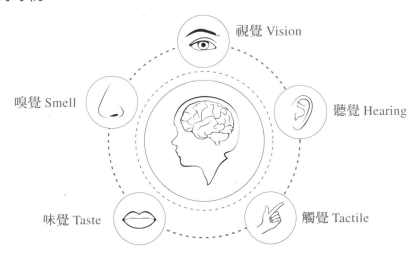

視覺 Vision
嗅覺 Smell
聽覺 Hearing
味覺 Taste
觸覺 Tactile

氣味傳遞的過程，透過鼻腔→通過嗅神經→穿透大腦皮層→進到大腦邊緣系統，最前方的杏仁核，就是我們衍生情緒及記憶的啟動器，而後面的海馬迴則接著掌管學習力方向感。氣味是五感中唯一能最有效率穿透大腦皮層，進而啟發我們感知的能力。

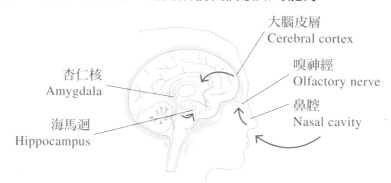

透過氣味，我們可以開發自己無限的潛能，並影響情緒喜怒哀樂。利用開發嗅覺，也能開啟嬰童的其他感官敏銳度，進而五感開發，學習力加倍，做事效率事半功倍。

氣味可以直通邊緣系統，進入掌管記憶的海馬迴。我覺得靈魂的記憶，是以千年為單位，幾生幾世的。所以有時你會覺得跟某人特別投緣，臭氣相投，或對某人一見鍾情。與其說是特別有眼緣，還不如說，是找到熟悉而眷戀的氣味。這氣味封存在你的記憶盒子裡，或許你自己沒有意識到，但，一切的故事都被保存在你的潛意識裡。

氣味是很主觀，因人而異的東西。一種香氣配方，並不能適用多數人，因此香氣需要設計，調配獨一無二的配方。

香氣設計精神在於找出激發你靈感的繆思，這靈光一現，可以是一種香氣、一種氣息；可以是一個景象、一個畫面；可以是一句話、一首歌、一篇詩句，可以是某個味道，也可以是某人的一顰一笑。重要的是，你要去找到這個意念，找到這個你專屬的繆思。

　　你可以想法很多，但你要會懂得抽絲剝繭，去蕪存菁，留下值得留下的東西。現代人資源很多，取之不盡用之不竭，因此，你要練習的是留住感動，將心思放在意念的能力。

　　香氣設計，利用天然單方精油，以「前、中、後調」為經，「香氣調性」為緯，組合成香譜配方。這樣的複方是一個完整的香氣設計配方，氣味有高中低音的起承轉合變化，有一個目標，有一個遠景，它可以形成一張網，從 360 度來囊括整個氣場。

　　從體驗一支一支的單方氣味，到認識每一個單方植物，把它們當成新朋友，去了解它的生長背景、地理環境、個性及長相、優缺點。你可以在吸嗅它們的同時，與它們產生連結，與它們產生化學變化。就像交朋友般的主觀感受，有些人你一眼就喜歡，一個眼神一個動作，就可以感受到與他們心靈相通；而有些人則是漸入佳境，需要多交談幾次，才會慢慢可以感受對方的熱情，並在一次又一次互動互助中，培養出感情。有些人則是不打不相識，剛開始相看兩討厭，交手過幾次後反而從對手變戰友，建立革命情感。當然，也有那種完全頻率不對，話不投機半句多的，那就保持一定的距離吧！順從你的直覺，無須勉強。

　　人的五感是相連的，如果你覺得對生活人事物有種關上心門、缺少感動、不上心的感受，不如就用香氣開啟嗅覺感吧！利用各種精油的香氣活化你的想像力、記憶力、直覺力、感動力、快樂的能力。這個世界是你想像出來的，劇本是你寫出來的，轉念之間，世界就會大不同，而氣味就是那方引子。

為什麼我們需要練習
嗅覺感知體驗？

　　氣味能創造出令人深刻的記憶，為你帶來魅力、吸引力、自信、影響力，香氣對我們而言是如此重要，而不該只是被當成妝點的物品。而且，身上的香氣，更應該依據心情、穿搭及使用場景，做不同搭配。

　　然而，面對香氣的選擇，我們一定面臨過以下的情境與問題：

根本沒有概念自己喜歡什麼樣的香調？
不喜歡什麼香調？

　　什麼是花香調？木質調？柑橘調？辛香調？選擇這些香氣調性就好像點滷肉飯老闆問你要蹄膀、腿庫、腿節還是腿筋一樣困難。誰搞得清楚哪一段到哪一段是豬的什麼部位？老闆，可以直接給我來一盤綜合嗎？愈追問愈顯得自己的無知……

走進香水區，卻不知從何選起？
連問都不知從何問起？

架上琳琅滿目的品牌及包裝光看就讓人頭暈，最尷尬的是完全不知從何問起，但又不想把所有決定權交給服務銷售人員，因為他拿給我試聞的香氣，我不是很有信心⋯⋯還是，難道只是最近廣告主打，就狂推我熱銷款？

銷售人員劈頭就問要找男香還是女香？

男生可以喜歡有點花香調的香水，女生也可能喜歡木質調的香水，這樣以性別一分為二的選擇方式，實在是很像夫妻鬧離婚，問孩子：你要跟爸爸還是跟媽媽？這問題真的太讓人糾結了啦！最後，無法一劈兩半的索性就叫中性香，但中性香到底聞起來像什麼？這回答說了等於沒有說⋯⋯

聞了幾款，覺得氣味愈聞愈像，說不上喜愛，
更增添了選擇障礙？

一般常見香水推薦完全沒有考量個人特質、個人氣場，往往較多是商業考量，不免讓人愈選愈焦慮，產生選擇障礙。

我該選擇哪一個情境下用的香水？

約會時，我想要有吸引人的氣味；工作時，
希望身上能散發自信氣息；跟閨蜜下午
茶時，又希望能展現開朗親和力，而
在平常，又希望帶有正能量、吸引
貴人和招財的氣味磁場……到底，
我要跟銷售人員說哪一個場景需求
的香水？希望清單說完，會不會被推
銷一拖拉庫商品？

市面香水聞久了好像會頭暈或過敏？

有的香水聞久了會開始頭暈，或是讓人覺得頭重、鼻塞，甚
至過敏，讓人不禁懷疑是否因為成本關係而使用品質不好的香
精或揮發劑，有危害健康的疑慮。

世界知名調香大師
其實不懂你

如果想讓氣味表現出自己的個性，就不能只是「被動」的讓現成香水來限制你，讓自己彆扭地聞起來像個水果口味的哈密瓜或甜品口味的肉桂捲，成為品牌香水推薦下的「複製氣味」。

每個人的個性特質不同、工作不同、身份不同，使用場景、目的、需求都不同，在選擇適合自己的香水上，的確是一門學問。儘管品牌包裝得天花亂墜，不停的宣傳香水氣味多棒、是多厲害的國際調香大師特調，但是，這些國際級鼻子不是你，他不認識你、不了解你，他們推薦的香水更不是為你量身打造，所以你要對香氛調香有一些些基礎認識，才能為自己選擇最適合的氣味，彰顯個人特質，為自己的外在形象畫龍點睛，用魅力擄獲人心、人見人愛。

快來做自己的「香氣設計師」吧！你喜歡身上散發什麼氣味，你想要在別人眼中營造什麼形象？由你自己作主、你說了算！不要再被品牌香水綁架，也不要再被男香或女香框住了！不同場景不能只用一罐香水，既然我們的生活情境有不同需求，就當然需要不同香味帶領你完成不同的心願。

如何找到喜愛及適合的香調

進入香氣設計的第一關，

首先，你要先了解自己，找到自己喜歡的氣味，

與心底那抹香相遇。

Step1 先在內心冥想

　　當你站在人們面前，你希望別人怎麼形容你？在動手設計香氣之前，你要先了解自己適合的形象樣貌。

> 知性優雅、穩重可信賴、細節嚴謹、幽默風趣、溫柔婉約、親切溫暖、有創意、靈活、嫵媚迷人、風流倜儻、可愛孩子氣、夢幻詩意……

　　你要先探尋自己的內心，找出屬於你的亮點，進而隱惡揚善。彷彿拿著藏寶圖探險，你要先搞清楚你現在要去找的是黃金、鑽石，是魔戒，還是魔豆？

練習　請你輕輕閉上雙眼，看看站在人群面前的那個你，浮現出來的樣貌形象會是什麼？請給它五個形容詞。

_____

_____

_____

_____

_____

Step2 試著體驗不同氣味帶給你的好惡感受

　　如果你手邊有精油，請試著挑出這 16 種單方精油嗅聞。以直覺感受「喜歡」還是「不喜歡」。切記，請依直覺做答。人的潛意識對氣味的好惡是騙不了人的，不喜歡或要想很久也沒太大感覺的氣味，就大膽斷捨離，不要遲疑，我們只需要單純地找到你喜歡什麼氣味就好。

練習

	喜歡	沒感覺	不喜歡		喜歡	沒感覺	不喜歡
甜橙	☐	☐	☐	苦橙葉	☐	☐	☐
佛手柑	☐	☐	☐	黑胡椒	☐	☐	☐
葡萄柚	☐	☐	☐	乳香	☐	☐	☐
羅勒	☐	☐	☐	大西洋雪松	☐	☐	☐
迷迭香	☐	☐	☐	完全依蘭	☐	☐	☐
玫瑰天竺葵	☐	☐	☐	花梨木	☐	☐	☐
香蜂草	☐	☐	☐	廣藿香	☐	☐	☐
高地薰衣草	☐	☐	☐	安息香	☐	☐	☐

　　如果你手邊沒有任何精油，也沒關係。可以找手邊容易接觸到的氣味例如：水果、花朵、樹木、香料，甚至甜點等來做練習。當你可以有概念的知道自己對氣味的感受，就等於有了喜歡什麼香調的方向了。

練習

	喜歡	沒感覺	不喜歡
水果	☐	☐	☐

感受 _____

花朵	☐	☐	☐

感受 _____

樹木	☐	☐	☐

感受 _____

香料	☐	☐	☐

感受 _____

甜點	☐	☐	☐

感受 _____

Step3 選擇一個整體讓你覺得還不錯的香水，或是跟著本書後續章節，設計並調配出的天然香水，噴在身上，感受你這一天的感覺

有意識地去感受這個氣味，一天下來，帶給你的心路歷程、內心感受，你跟他人應對的場景。這個氣味帶給你的感受，會讓你覺得自己變可愛了嗎？變得有自信嗎？你覺得自己更迷人嗎？

如果你找到適合的香氣，你的鼻子會告訴你，你的心也會告訴你，很誠實，一點都騙不了人。最重要的，是先找到自己的形象特質，了解自己對不同氣味的喜好，才不會人云亦云、東施效顰，以不適合的氣味來綁架自己，削足適履，只會讓自己迷失在滅頂的香海裡。

我們要以尋找「喜歡」及「適合」的香調為出發點，以這個核心思想去堆疊，進而設計出屬於自己的氣味。讓你的人際關係變得更立體，人見人愛近在咫尺！

Chapter 5

調香／練習

Perfume Designer
做自己的香氣設計師

用氣味名片，讓你的形象更立體鮮明

　　一個人的氣味，就是一張個人的隱形名片。你聞起來的氣味如何，透露出你眼中的自己，也透露出你期望別人眼中的你看起來會是什麼樣子。這個論調跟造型穿搭相似，你的造型走什麼風格，就會是你的形象代名詞，舉凡知性優雅、性感嫵媚、自在舒服、成熟穩重、簡約文青……等等，都會依照你的造型裝扮，透露出你給人們的印象。

　　而這些上千種的形容詞中，也並非單一固定不會變動，每個人甚至可能囊括至少五種以上的形容詞，代表著每個人有很多面向，有顯性樣貌，也有著隱性性格。例如有些人平常很安靜，氣氛熱鬧的時候就會人來瘋；有些人平常溫和，遇到棋逢敵手的局面，才會展露出銳氣。場景不同、需求期待不同，都會造就人有多種面向展現，跳脫平日印象，展現出不同的個性另一面。

　　而氣味有助於立體化你的造型穿搭，就像看 3D 的影片搭配 4D 效果，一切畫面瞬間近距離展現，從平行的維度，立體化成為身邊真實發生的場景，影像中的人彷彿在周遭，好人會讓你覺得能認識對方真是三生有幸，而壞

人則讓你更覺得面目可憎。將氣味轉化成魅力，就是這樣一種「立體化」的過程。

　氣味讓 3D 場景變成 4D 情境，而人們因為聞到了你傳達的氣味，氣味分子透過鼻腔進到對方的大腦邊緣系統，在他的經驗中與你產生了連結，讓他跟你相處的畫面及感受更加立體，甚至更容易產生共鳴，或是更感同身受。有些你沒有用言語形容出的感受，他卻用氣味接收到了。

Exclusive

如何打造「個人氣味名片」
辨識標籤

練習用氣味立體化外在形象

　　人們會因不同場合，而有不同的造型穿搭，來呈現出得體的形象。將氣味立體化，有點像是小時候玩的換裝紙娃娃遊戲，將不同人物，換搭上適合的裝扮。

聚會形象

- **休閒風格裝扮**

　　外在呈現 清新、親和力、
　　　　　　　　健談、不拘小節

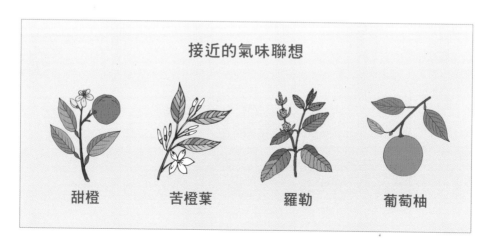

接近的氣味聯想

| 甜橙 | 苦橙葉 | 羅勒 | 葡萄柚 |

工作形象

- **西裝、領帶、皮鞋**

  外在呈現 有自信、高瞻遠矚、有遠見、可信賴

接近的氣味聯想

大西洋雪松　　廣藿香　　乳香　　花梨木

- **套裝、耳環、高跟鞋**

  外在呈現 知性優雅、溝通及包容力強、合宜知進退

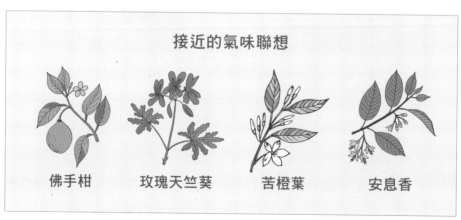

接近的氣味聯想

佛手柑　　玫瑰天竺葵　　苦橙葉　　安息香

約會形象

- **POLO 衫、針織衫**

  外在呈現 幽默風趣、生活有樂趣、涉獵廣、有創意

接近的氣味聯想

黑胡椒　　　　　　香蜂草　　　　　　迷迭香

- **連身洋裝、耳環、口紅**

  外在呈現 魅力、吸引力、風姿綽約、惹人憐愛

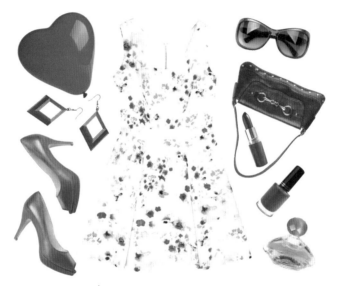

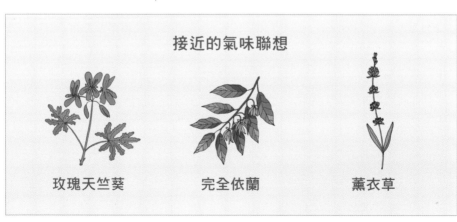

接近的氣味聯想

玫瑰天竺葵　　　　完全依蘭　　　　薰衣草

花香調或是帶有甜味的辛香調，
在女性身上顯現美妙協調。

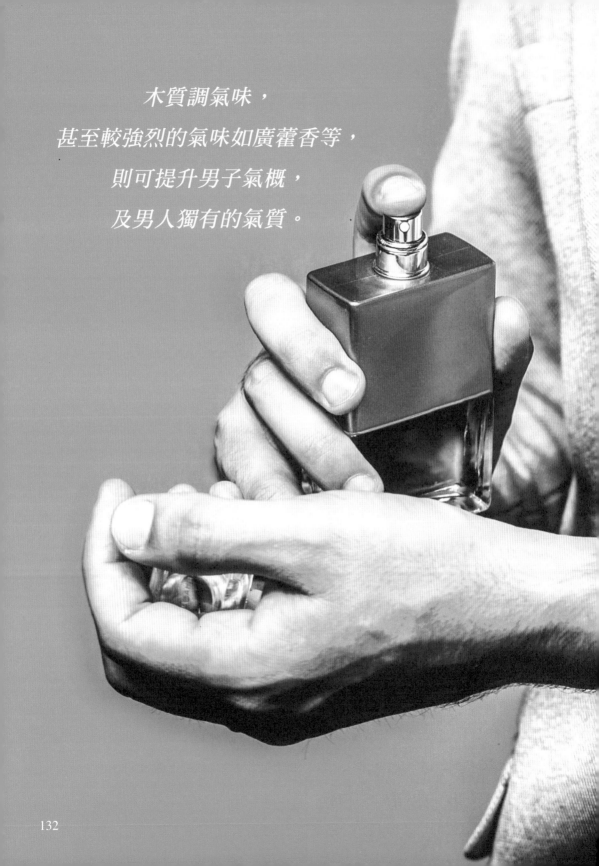

木質調氣味，

甚至較強烈的氣味如廣藿香等，

則可提升男子氣概，

及男人獨有的氣質。

藝術，不是技法，而是洞悉；

香氣設計，不只用鼻子，還要打開心。

Practise

香氣設計練習

Step1 決定主題

　香氣設計中，最核心的起手式：設定主題。你想要形容什麼樣的人？表達什麼意境？說一個什麼樣的故事？

(舉例
練習)　**設計主題：輕舞飛揚**

Step2 畫面充填法

香氣設計中,最關鍵的步驟:閉起眼睛,以主題去聯想。

回到自身連結,想像自己是宇宙的發光體,由這個主題去輻射。黑暗浩瀚的宇宙,閃過眼前的畫面是什麼?收集五個形容詞或句子,令你怦然心動,並貼切地來形容眼前的畫面。

舉例練習

- 自由自在
- 恣意奔放
- 隨心所欲
- 赤腳在草地上暖暖的

- 微風下轉圈圈
- 大笑著覺得快飛起來了
- 手上的蒲公英輕飄飄的
- 鞦韆盪得高高的

多倫多春天的花園廣場,花團簇擁。年輕樂團,揚起了歌聲,帶動著每個人的情緒;一大片的草原,綠意盎然,小女孩穿著白圓裙,在草地上轉圈圈。

人們在蔥綠樹下乘涼,晚風徐徐,綠意延伸到眼光所及的遠方;漸漸,夕陽西下,日暮低垂,即將曲終人散,陽光的氣味散了,取而代之,跟著風襲來的是泥土的氣味,踩著這方土地,不知不覺踏著步伐回家。

此時心裡想著,今天用力抓住的那抹陽光,明天我會繼續緊抓著不放!青春,就是如此……任我,輕舞飛揚!

Step3 定義賦香率

設定一個濃度，這會決定這瓶香水的持香程度，與適合使用的場景時機。這是香氛的骨架，決定了它的先天條件及客觀能力。

舉例練習

15%、香水、可持香約 4 小時

賦香率決定後，就可以算出精油總量要佔整體香水多少。

以 10ml 的香水為例，調配 15% 香水，精油總量：
10ml×15％=1.5ml

Step4 體驗感受，挑選單方

以「喜歡」與「不喜歡」的直覺二分法為最優先考量。

先拿單方精油體驗感受，不喜歡的氣味、不符合畫面形容的氣味，先將它大膽斷捨離，放一邊。

將直覺喜歡的氣味蒐集在一邊，並從中挑選出與畫面靈感強度連結，吻合感十足的氣味。試問自己，聞到這個氣味有什麼感受？會怎麼形容？它與你剛剛列舉出來怦然心動的形容詞及句子，有吻合關聯嗎？如果是，就把它圈選起來。

Step5「經・緯」香氣設計

以「前中後調」為經,「香氣調性」為緯,來做精油的選擇搭配。

經:「前、中、後調」

挑選前中後調各 2- 3 個單方精油。

舉例
練習

前調

佛手柑　　　　甜橙　　　　葡萄柚

中調

苦橙葉　　　　薰衣草　　　　玫瑰天竺葵

後調

大西洋雪松　　　乳香　　　　安息香

緯：「香氣調性」

以主題及畫面充填法，來挑選哪些香調可調配出這樣的氛圍氣味。

可以選擇 3 種，或 3 種以上。

舉例
練習

花香調 ☑   薄荷調 ☐

柑橘調 ☑   辛香調 ☐

草本調 ☑   泥土調 ☐

木質調 ☑   樹脂調 ☑

「經·緯」香氣設計　單方精油挑選

經 ＼ 緯	花香調	柑橘調	草本調	木質調	薄荷調	辛香調	泥土調	樹脂調
前調		・佛手柑 ・甜橙 ・葡萄柚						
中調	・玫瑰 　天竺葵 ・薰衣草		・苦橙葉					
後調				・大西洋 　雪松				・乳香 ・安息香

Step6 分配比重百分比

　　首先，香氣設計是以「自己喜好」及「主題畫面」為出發點，所以請不要糾結一定要做到什麼樣的百分比才是黃金比例。這裡沒有公式，只有更多的內觀、更多的省思。

　　再來，你可以決定，希望前調多一些，讓一開始的氣味突出些，與人更親近些？還是，希望它的中調故事核心篤實，重心放在中間的支撐多一些？或者，希望它的尾韻長一點，留下讓人回味無窮的印象？

　　將這些觀點都釐清楚，就可以自行決定前中後調是如何分配，而總體的加總百分比為 100%。

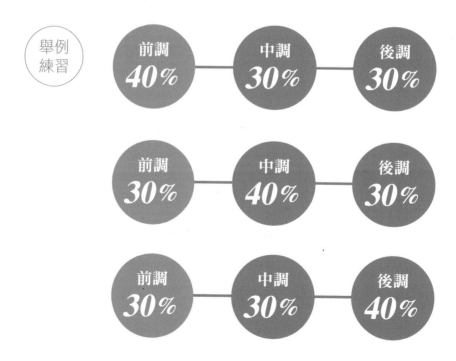

　　決定了前中後調的比重後，再依「自己喜好」與「主題畫面」關聯度，來劃分各個單方精油的比重％，大方向就是：愈喜歡的氣味比重可愈高；感知體驗該氣味與主題畫面愈貼近吻合的氣味，比重可愈高。依序把各個單方精油比重決定出來。

香水 10ml、15%	比重 %	滴數 D	調整 final 滴數
單方	100%		
前調（30%）			
佛手柑	10%		
甜橙	15%		
葡萄柚	5%		
中調（40%）			
苦橙葉	20%		
薰衣草	15%		
玫瑰天竺葵	5%		
後調（30%）			
乳香	2%		
大西洋雪松	15%		
安息香	13%		
TTL			

Step7 換算滴數

　　為了讓調配香水簡單好入門，我們香氣設計採用滴數計算，沒有秤子也一樣可以輕鬆調香。

　　步驟 3 我們算出 10ml、濃度 15% 的香水，精油總量是 1.5ml，而 1.5 ml 換算成滴數，有個必需牢記的公式：

> ## *1 滴精油 = 0.05ml*
> ### *1.5ml/ 0.05=30 滴精油*

全部精油總量 30 滴，以百分比數字，依序算出每個單方精油所需要的滴數：

香水 10ml、15%	比重 %	滴數 D	調整 final 滴數
單方	100%	30D	
前調（30%）			
佛手柑	10%	3	
甜橙	15%	5	
葡萄柚	5%	2	
中調（40%）			
苦橙葉	20%	6	
薰衣草	15%	5	
玫瑰天竺葵	5%	2	
後調（30%）			
乳香	2%	1	
大西洋雪松	15%	5	
安息香	13%	4	
TTL		33	超過總滴數 進行調整

換算出來的滴數要四捨五入，最後驗算加總，超過 30 滴，挑選最多的單方視狀況減掉；反之，若不足 30 滴，則挑選滴數最多的單方視狀況增加。並且，也可以彈性地選擇喜歡的單方氣味增加。

Formula

香譜 │ 配方

香水 10ml、15%	比重 %	滴數 D	調整 final 滴數
單方	100%	30D	
前調（30%）			
佛手柑	10%	3	3
甜橙	15%	5 ----調 整---->	4
葡萄柚	5%	2	2
中調（40%）			
苦橙葉	20%	6 ----調 整---->	5
薰衣草	15%	5 ----調 整---->	4
玫瑰天竺葵	5%	2	2
後調（30%）			
乳香	2%	1	1
大西洋雪松	15%	5	5
安息香	13%	4	4
TTL		**33**	30

調配道具準備

- 香氣設計 香譜配方表
  (參見 P162-165)
- 單方精油數款
- 玻璃香水噴瓶 10ml
- 試香紙
- 香水酒精 10ml
- 玻璃燒杯
- 玻璃攪拌棒

調配實作練習

　　如果你已經對上述內容的調香步驟有了基礎的概念，接下來，就可以自己動手練習實作試試看，調出屬於你自己的香氣。

step 1

香譜配方表設計完成後，就可以開始調配香水。

step 2

將單方精油依據滴數，一一滴入燒杯
中。

step 3

再將香水酒精加入燒杯，讓整體容量
達 9ml（預留一點空間作為定案前的
修飾彈性）。

step 4

以玻璃攪拌棒，順時鐘攪拌 30 圈。

step 5

用試香紙輕輕沾點一下融合好的香
水。

step6

靠近鼻腔距離 5 公分處，輕輕揮動試
香紙，靜心體驗這個氣味是否符合你
的設計主題，你是否喜歡？有沒有需
要調整，多增添什麼香調氣味？

step7

依內心直覺，記錄下香氣感受。例如
希望再草本綠一點？還是想要氣味再
粉嫩一點？或是有需要再穩重一點？

step 8

如果有想要調整的，可以在步驟 8 做彈
性調整修飾。依照期待想像，少許增添
相對應香調的精油；增添滴數總共不超
過 5 滴，酌量依序添加即可。

step 9

若是不需要調整，氣味就可以定案，
把香水酒精倒滿 10ml。

step 10

再次用玻璃攪拌棒攪拌，就大功告成。

step 11

最後，把調配好的香水倒進 10ml 的玻璃香水噴瓶。

　　如同一位優秀的廚師會不斷品嚐各種菜餚，來調整各種調味料的使用比例，調製香水就像是做菜一般，需要一步一步練習和調整，找到你心中理想的氣味。

調香混合後，氣味修飾小撇步

- 如果覺得調好的氣味，**有股氣味過於突出，整體失去平衡**，適合加幾滴以下精油，讓氣味整體和諧：

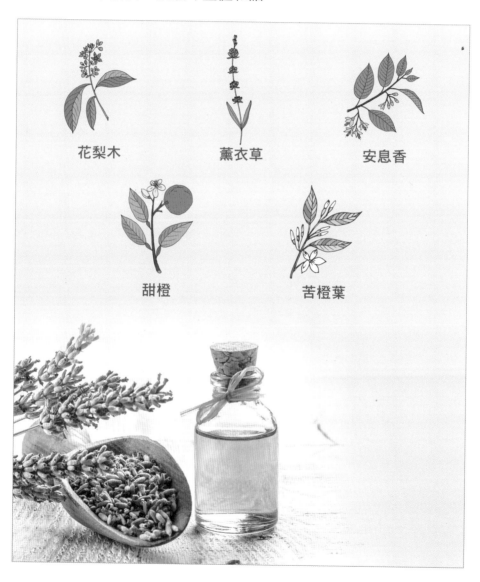

花梨木　　　薰衣草　　　安息香

甜橙　　　苦橙葉

- 如果覺得調好的氣味，**有些缺少層次、想要氣味豐富一些**，可以加幾滴以下的精油，讓整體更有深度：

羅勒（少量 1-2 滴）　　佛手柑　　玫瑰天竺葵

玫瑰草　　大西洋雪松　　橙花

- 如果覺得調好的氣味，**平淡無奇、沒有亮點，想要大幅度改變香調**，可以加1-2滴以下精油（在此修飾的動作，建議謹慎，每次1-2滴做確認）：

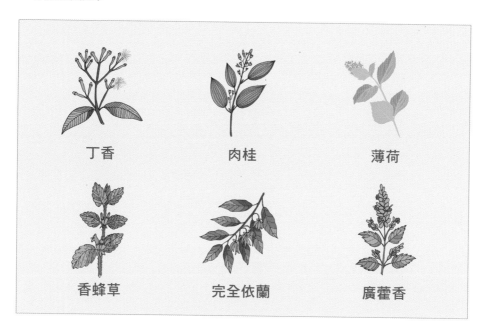

丁香　　　　　　肉桂　　　　　　薄荷

香蜂草　　　　完全依蘭　　　　廣藿香

- 如果覺得調好的氣味**過於刺鼻**，代表香水的前調和中調距離有點太遠了，可以添加一些較柔和特性的氣味，讓中調氣味順利承接前調氣味，填補中間產生的斷層。以下精油是不錯選擇：

薰衣草　　　苦橙葉　　　花梨木　　乳香（少量1-2滴）

- 如果覺得調好的氣味，**太過沉重有點窒息**，可以添加一些較輕快明亮的氣味，讓前調先創造親和力，再慢慢帶出中後調的沉穩感。若要將前調的比重再加重一些，可用柑橘調帶出輕鬆感，以下精油是很稱職的選擇：

| 佛手柑 | 甜橙 | 萊姆 |

整體來說，不論男香還是女香的設計調配，秘訣在於善用香調高中低音的特性，並且掌握香調間的可適性、搭配性，取得協調的配方設計。

切記，比重百分比沒有標準答案，香氣設計著重找到個人亮點，調配獨一無二的氣味，才是讓香氣與個人形象相得益彰的重點精神。

香氣設計沒有公式和對錯，所有規則都是活用的，唯有認識自己，擁抱自我內心好惡的最真實感受，運用想像力、發揮創意，不斷嘗試，才能成為自己的香氣設計師。

調香 *Tips*

清潔調香道具（調香杯及攪拌棒等）小技巧

　　每次調香完，要記得清潔調香杯及攪拌棒，以免殘留的氣味干擾到下一個作品。精油是不溶於水的精質，因此清潔調香容器及道具，要使用酒精（可用一般醫療酒精 75% 或 95% 濃度）來溶解精油，以達到清潔的效果。

　　可以將酒精均勻噴灑於調香杯中，靜待片刻，再將酒精倒出，最後用酒精濕紙巾擦拭一遍，置放於通風處揮發風乾即可。同樣的，玻璃攪拌棒也用同樣方式清潔。

※ 若是手邊沒有酒精濕紙巾，也可用廚房紙巾噴上酒精，充當酒精濕紙巾使用喔！

用小 ml 數來練習調香

　　人對氣味的喜好及感受會因時因地而變化，因應各種場景也會有不同的氣味需求，因此，調香可以發揮創意及實驗精神，每次調配的香水量不用太多，一罐 10ml 剛剛好，可以多嘗試不同的設計組合，多練習，三不五時拿出來體驗感受，會有意想不到的效果喔！

　　另外，小 ml 數香水也比較不會有庫存、覺得使用不完的壓力。

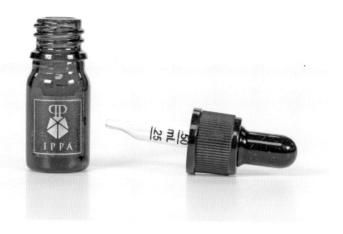

使用精油滴管瓶

調配精油香水時，最好使用玻璃滴管，可以較精準掌握滴數，也可以控制力道。

一般常見的制式精油瓶，在調配時常會一下子滴出很多滴，不小心超過需求量；或者遇到較濃稠的精油，如安息香或沒藥，卻又會完全滴不出來，令人感到困擾。

因此，非常建議大家使用玻璃滴管來調配，尤其玻璃滴管比塑膠滴管安全，不但沒有塑化劑溶出的疑慮，又兼顧環保。

聞香杯的選擇

調香時，建議可以選擇上寬下窄的錐形玻璃燒杯，這樣攪拌棒可以充分在杯底攪拌，讓精油與香水基劑均勻混合。

另一方面，這種有深度的燒杯，在攪拌時也比較不會噴濺出來，會比一般常見寬口燒杯安全。

最重要的是，下窄上寬的燒杯有利於香氣聚集而嗅聞，上方寬口也便於調配過程中，以試香紙沾取香水試聞。

選用香水級酒精（香水基劑）

　　調配香水建議選用香水
專用酒精。精油需要充分
融合於乙醇成分中，才能
夠讓氣味均勻，噴灑時有
更好的揮發性。香水基劑
有別於一般醫療酒精，經

過處理後沒有酒精刺鼻的嗆味，並經過純化步驟去除雜質。其
乙醇與水的比例恰當融合，並且有適度添加抗菌劑，讓調配好
的香水較不易變質或滋生細菌。

調配好的精油香水，當下聞與隔天嗅聞，氣味會不太一樣嗎？

　　調配好的精油香水，隔
天聞或過幾天嗅聞，氣味
會比調配完成當下更加「熟
成」，尤其在歷經 1 週後，
氣味會更臻完美。原因是
單方精油經過這段時間更

加融合，成為複方產生協同作用，同時，其與香水酒精更加融
合，能呈現圓融飽滿的氣息。

精油存放

平時沒有使用的單方精油，建議放在沒有陽光直射的空間，且不要放在潮濕的角落。

單方精油本身有活性，以深色玻璃瓶存放，減少光線曝曬，才不會使其加速氧化而變質。

你的氣味多專屬，
就讓人多印象深刻。

做自己的香氣設計師

設計你的專屬氣味香譜

香氣設計師

設計主題：

怦然心動的形容詞&句子

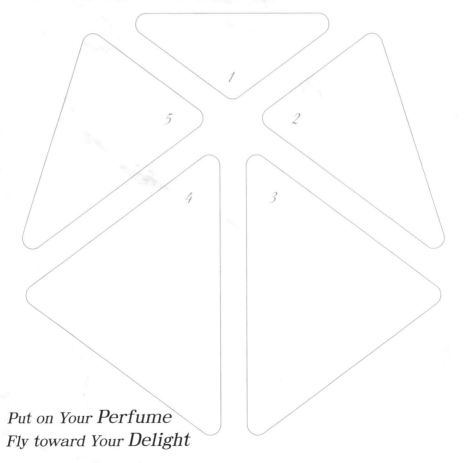

Put on Your Perfume
Fly toward Your Delight

香譜｜配方

/ 前 調 /　　　　　　　　　(%)　　　　　　　(滴)　　　　Final (滴)

/ 中 調 /

/ 後 調 /

/TTL/

Popularitye
16 款好人緣調香精油

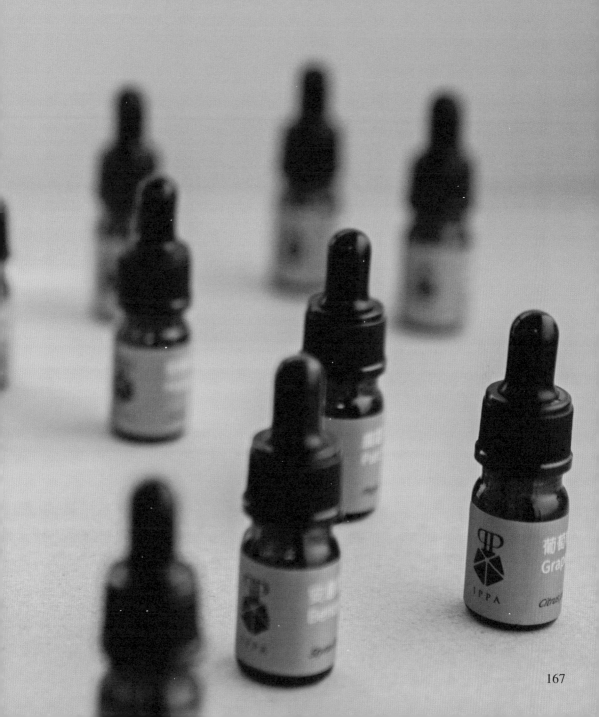

接下來，要帶大家來認識 16 款常用調香精油。比較特別的是，除了一般常見的精油身分證介紹，我會再用 16 種人物個性來形容這些精油。因為若想要將人的形象具體表現出來，去感受這些氣味帶給你什麼樣的形象個性是非常重要的。希望大家也能試著練習感受，將氣味個性化、人性化來表述。

植物的香氣中，有些是不爭不搶，但在群體中卻不能缺少，是非常必要的存在，平衡著一切。這些精油在調香金字塔中，多半是中調的位置，擔任氣味的橋樑，能把前調的鮮明特色，順暢銜接到後調的沉穩。

有些氣味像極了舞台上的明星，它們會成為香氣設計中的主軸，故事的核心，出場時總會有人烘托陪襯，突顯它們的存在。花香調就屬此種風格，像是橙花、甜馬鬱蘭、羅馬洋甘菊等。甜美溫柔的花香氣味，就像國民女神志玲姐姐一樣，辨識度極高，一眼就可以辨別出來，以親切零距離的姿態，輕易擄獲人心。

另外，也有一種像是扮演氣味調和的潤滑劑，它們總能與人為善，到哪個團體都相處融洽，不搶風頭，還能隱惡揚善，巧妙地修飾一些氣味中的邊腳，弭平前調與後調的斷層，適度補位，減少落差。

它們可以圓潤低音氣味的過度尖銳，同時也平緩高音過於輕飄新鮮的感覺。此種精油有將氣味溫和化，具熟成的能力，包括花香調的薰衣草；草本調的苦橙葉、羅勒；辛香調的黑胡椒等。它們隱身在氣味中，初聞第一時間通常不會被認出，卻能在後勁感受到它們的氣味威力。

苦橙葉
Petitgrain

　　苦橙葉像一道綠色的風輕輕吹過，而且是不直面正向吹襲，不吹亂頭頂、不寒竄腳底，而是斜面輕輕地帶過；它的存在，促進了流動，但卻不驚擾。

　　苦橙葉的氣味帶著苦及炭燒味，慢慢回甘。其隱含的果皮香甜調性，在它與柑橘氣味連結時才會真正釋放，像是甜橙、佛手柑等。兩者的相遇，像是被一群孩童圍繞的大哥哥，營火晚會中間彈著吉他的領隊，身旁圈起一群情竇初開的青春人兒們，觸發愉悅歡樂的氛圍。

　　苦橙葉如果遇到了橙花，就像是園丁遇上了公主，散發出的盡是鐵漢柔情，每天為公主打理花園，悉心照顧花朵，只為看到公主在庭園中滿足的一抹微笑，不經意的回眸。用耐心與愛灌溉的一方風土，始得花朵愈發嬌豔欲滴。眼前美麗的那道風景，必是某些事物的積累成全，就像苦橙葉為橙花的全然奉獻。

　苦橙葉萃取時帶著枝與葉，綠色葉片耐味咀嚼，它在氣味的調配中，位於中調的位置可以撐起一片天。像是端著一籠熱騰騰剛出爐包子的雙手，待蒸氣熱燙消散後，輕輕放下，等著人們開心地來買回家。

　而苦橙葉融合著枝與葉的氣味，也有不同的高低變化。有嫩枝嫩葉、老枝嫩葉、嫩枝老葉的細分，高檔一些的，還有把橙花也一起萃取，像大江大海的匯流，是一種豐沛大器的擁有，屬於一種命中注定的歸屬。

　苦橙葉味道初聞並不驚艷，但集大成融合的廣度，經過時間催化的層次，開放接受各種可能性的胸懷，其氣味好人緣，是植物香氣界不可多得的存在。

拉丁學名	Citrus aurantium		
科別	芸香科		
萃取方式	蒸餾法	香調	中
萃取部位	葉、小枝	關鍵字	舒壓
氣味個性	包容隨和，心胸開闊，團體中的超級好人緣		

高地薰衣草（真正薰衣草）
Lavender

薰衣草帶有大地之母的氣味，有一種在草地上席地而坐，享受春天和煦陽光，如沐春風的感受。薰衣草精油的角色，也像是一位照顧他人無微不至的母親，翻開她的包包總有 ok 蹦、清潔液、手帕等等物品出現，無論需要什麼，她通通都能翻找出來照護他人，這是老神在在、雙手插口袋出門的父親，永遠無法理解的另一個異次元世界。而薰衣草的溫暖氣味，帶著溫度，大約 45 度，但又不像肉桂、薑、丁香這類辛香調這麼升溫，微微的、暖暖的，皮膚感受得到，卻不怕曬傷。

薰衣草的氣味，帶著草本，也帶有花香，具有強大的包容性與包覆性。草原感可以是讓滑翔翼安然降落，讓孩子們在上面盡情奔跑的大草地；也可以是通往海邊的秘境之地，在草地步道小

坡漫步，享受陽光曬過的甘草氣息，以及春雨洗刷後的恬美。

　尤其薰衣草的包覆性可以填補許多氣味之間的空洞，像是混凝土般，使氣味密合。比擬成畫畫，薰衣草也像是填滿空隙的筆觸，讓畫布呈現勻稱的顏料感。不過，薰衣草的添加比例不能過多，要像是拿捏得宜的媽媽，對待孩子有時鬆、有時嚴，否則過多的關愛與呵護，就會讓人窒息。

拉丁學名	Lavandula angustifolia		
科別	唇形科		
萃取方式	蒸餾法	香調	中
萃取部位	頂端的花苞	關鍵字	照護
氣味個性	和煦溫暖，無微不至，永遠在照顧別人的那一位		

乳香
Frankincence

乳香是樹脂結晶所蒸餾出來的氣味，是一種封存的感受，把百年、千年的氣味，風華結晶在瞬間，也是一種最接近上天的氣味。乳香的氣味，通常不會讓人用「香」來形容，但我發現每個人聞到乳香氣味時都會情不自禁點點頭，眉頭放鬆，神情中流露出真誠，一種臣服的感受。

從遠古埃及就開始被使用的乳香，被譽為上帝的眼淚，自古用來燃燒以裊裊升煙與上天對話。它的氣味適合冥想，給人一種氣定神閒、悠然飄渺，增添一股神秘感。

乳香氣味輕輕淡淡的、氣若游絲卻超凡脫俗；在頻率相通時，有如在另一個平行時空相遇，帶點礦石的冰涼感，不疾不徐、不爭不搶。它有種把氣味畫面凝結，留在最美時刻的魔力。像是按下了快門，留下美麗瞬間，時光也停格靜止。

乳香樹多生長於沙漠中，有沙漠珍珠的美稱。因為其廣泛應用的經濟價值，讓它的存在，養活了一方土的人。乳香有著大愛及憐憫的氣息，所以聞到乳香的氣味時，尊敬造物主，讚嘆大自然的心境也會油然而生。它像是生命行者，走過多少世紀，過盡千帆，縱使看盡人間悲歡離合，也只是淡然地放進記憶體中，繼續前進。這是一種有點人生歷練，長智慧過程中會愛上的香氣。在生命教會你的事情中，遇見了乳香的魅力香氣。

拉丁學名	Boswellia carteri		
科別	橄欖科		
萃取方式	蒸餾、溶劑萃取	香調	中-後
萃取部位	樹脂	關鍵字	癒合
氣味個性	流暢而行雲流水，超凡不落俗的智者		

黑胡椒
Black Pepper

　　黑胡椒種子的氣味，給人
一種蓄勢待發，跳脫框架
的爆發力。種子也是
植物最初始的樣貌，
背負著對未來的期
望，讓人充滿無限
希望。

　　黑胡椒嗅聞起來的
辛香氣息，有點刺激，
卻會為你帶來創意，讓腦海
中彈跳出不同的思緒。而且它
的氣味也能適度提味，讓平淡的
鋪陳、一眼望到底的結局，來點峰
迴路轉，創造點小高潮。

　　黑胡椒就像是總在不經意出現的暖男，在你
低潮時搞笑要寶，帶來一絲溫暖，雖然不是最耀眼的主
角，但卻是不討人厭的順眼人種。它們會使出渾身解數來展現
自我價值，在需要的時候，就會出現它們的身影。

　　如同生活劇本中，總是需要甘草人物的串場，偶爾出來博君一笑，放鬆一下過於鑽牛角尖的氣氛。輕鬆一轉場，前面的恩恩怨怨，也就雲淡風輕，繼續注滿能量再大步往前。這大概就是黑胡椒香氣帶著勇敢冒險、承先啟後，又不失幽默感的精髓吧。

拉丁學名	Piper nigrum		
科別	胡椒科		
萃取方式	蒸餾法	香調	中
萃取部位	種子	關鍵字	突破
氣味個性	越發順眼，充發驚喜的寶藏男孩		

玫瑰天竺葵

Geranium Rose

　　玫瑰天竺葵有著類花香的氣息，是玫瑰公主的替身。聞起來雖然有玫瑰的花香，卻少了粉嫩味，少了高不可攀的驕奢，多了一份踏實及親近感。

　　初聞玫瑰天竺葵會有種很奇幻的魔力，它會讓你以為嗅聞的是玫瑰，反而對於真正的玫瑰精油，產生香氣的質疑。最後，玫瑰天竺葵會以樸素的姿態，誠實以氣味告訴你它只是一介平民，香氣裡有著更多的是誠懇及真誠。

　　玫瑰天竺葵是平衡的精油，對於體溫、荷爾蒙、自律神經、情緒的平衡都有很好的效果。它就像是主角最貼心的閨密，總是陪在身旁為你獻策打氣，遇到問題時，也往往是第一個替你出面解決的人，讓人感到安心。

拉丁學名	Pelargonium graveolens		
科別	牻牛兒科		
萃取方式	蒸餾法	香調	中
萃取部位	花、葉	關鍵字	平衡
氣味個性	波瀾不驚，膽大心細的貼身閨密		

佛手柑
Bergamot

佛手柑是個超級好人緣精油，男女老少，沒人不愛。包藏在果皮中的陽光，具有療癒系的風格，是柑橘果皮氣味中，最有氣質內涵的一個。

它的存在像是形象溫暖、長伴左右的大哥哥或大姊姊，總是笑容可掬，在你需要的時候給予溫暖幫助，讓人感覺清新安定。而且這種善解人意渾然天成，不需要刻意。

佛手柑的氣味帶有花香層次，耐看耐聞，喜歡的感覺不會隨著時光流逝而變質。雖然酸酸甜甜的果香稍縱即逝，但經過時間催化，隨之而來的花香更令人驚喜。就像是驚喜於善良個性之外，還多了琴棋書畫的才藝。

拉丁學名	Citrus bergamia		
科別	芸香科		
萃取方式	壓榨法	香調	前
萃取部位	果皮	關鍵字	舒心
氣味個性	療癒系，笑容可掬的大仁哥		

甜橙
Orange Sweet

　　給人感覺像是天真無邪的孩子，擁有充沛能量及活力，且不帶心機。甜橙的氣味和其他香氣百搭，幾乎沒有地雷，很難找到跟它不合的精油。

　　柑橘的果皮香氣，嗅聞也有生津解渴、增強食慾的功效，而且直接乾脆、不拐彎抹角，是一個不用時間等待，一聞就能讓人開心微笑的氣味。

　　甜橙在每個人的心底印記，黃澄澄、甜蜜蜜，充滿百分百熱情，可口又香甜，嗅聞之後聯想的都是美好滋味和回憶。甚至會有童年時光無憂無慮、生動有趣的畫面，這些美好其實不曾被我們遺忘，只是無痕地被收藏在深處，等待美麗的觸發。

拉丁學名	Citrus sinensis		
科別	芸香科		
萃取方式	壓榨法	香調	前
萃取部位	果皮	關鍵字	開心
氣味個性	樂觀向陽，無憂無慮的孩子王		

葡萄柚
Grapefruit

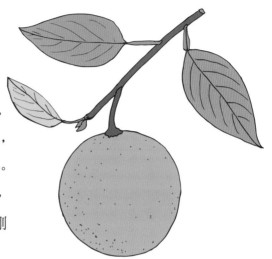

柑橘調的酸甜苦澀氣味，
不若甜橙甜，不若佛手柑粉，
葡萄柚的苦與澀，獨樹一格。
增一份太甜，減一分太澀，
上帝之手，就是讓它這麼剛
剛好。

如果說甜橙是孩提的天真無邪，葡萄柚就是青春正盛的少年，
以急著長大的眼光，想要探索這個世界。

前調若需要柑橘氣味塑造親和力，又要拿捏免於矯情做作，
請讓葡萄柚來為你挑大樑。它的表現絕對讓你驚艷。

拉丁學名	Citrus paradisi		
科別	芸香科		
萃取方式	壓榨法	香調	前
萃取部位	果皮	關鍵字	成長
氣味個性	初生之犢不畏虎，向著陽光奔著浪的少年 Pi		

181

羅勒
Basil

擔任氣味修飾劑的角色，無人能出其右。在調配氣味時，覺得想要添加綠意，加入一點點羅勒會是很好的選擇。

單純嗅聞羅勒，有一股九層塔的氣味，因此，在添加時也不能太多，免得喧賓奪主，跑出太強烈的「三杯料理」氣味。除此之外，羅勒的氣味，悠揚尾韻中會帶著香甜回甘，具有讓氣味穿透多點力道的感覺。

如果說，迷迭香、薄荷帶來的清涼草本調，像是夏天輕鬆踩踏在短草綠地上，羅勒就像是芳草連天的草原，雙腳踏進去，長及小腿高度的草帶給人厚實的溫暖，還聞得到綠草香。帶領你前往心神嚮往的地方，去尋找你的目標理想。

拉丁學名	Ocimum basilicum		
科別	唇形科		
萃取方式	蒸餾法	香調	前
萃取部位	整株	關鍵字	穿越
氣味個性	文創感略帶鋒芒，不甘於平凡的創作家		

花梨木
Rosewood

　初聞花梨木，一股沁涼直達心底，撫平一抹皺摺。它的穿透力具有方向感，能篤定的帶領你前往目的地，像是裝上了 GPS 導航，不盲目亂竄。花梨木也是植物中的「百憂解」，如同解語花般，能懂你並且深具同理心。它的氣味輔助感很強，可以讓其他精油因為有了它的搭配而變得更好聞。花梨木像是拼圖的最後一片，因為它的出現，讓事情圓滿完整。

　花梨木的氣味，本身就是一個豐饒的複方，有著木質調的厚度質感、花香的馥郁、果香的親切不帶稜角。它像是一位懂得說話藝術的心靈伴侶，能理解你的處境，同時還能引導出你的想法、難處，共尋解決之道。花梨木的氣息勝在不單純只是撫平，而是帶有解藥般的暢快。

拉丁學名	Aniba roseodora		
科別	樟科		
萃取方式	蒸餾法	香調	後
萃取部位	木心	關鍵字	理解
氣味個性	善解人意的解語花，最佳靈魂伴侶		

香蜂草
Melissa

　　嗅聞香蜂草有種驚為天人的感覺，讓人驚嘆這種氣味只有大自然的巧手才孕育得出來！悠悠的檸檬香氣，卻有股行雲流水的嗆衝感讓人一眼認出，印象久久揮之不去，無法忘懷。香蜂草的氣味有點中性，男女都喜歡，淡雅清香尾韻有著花蜜的香氣，溫柔時，有如初夏校園中綁著馬尾的女孩，喝著茉香綠茶的畫面。嗆衝時，就是小辣椒一枚，絲毫不拐彎抹角。

　　香蜂草的氣味可以服貼在人的身上很久，完全不會有窒息感。透過體溫聞著自己流露出來的香氣，走起路來都會感覺輕飄。

拉丁學名	Mellisa officinalis		
科別	紫蘇科		
萃取方式	蒸餾法	香調	前 - 中
萃取部位	整株	關鍵字	慧詰
氣味個性	聰慧靈動，校園中的沈佳宜，帶著情懷又敢愛敢恨		

安息香
Benzoin

　　就像是會呼吸的粉底液，
襯托鋪墊完美無瑕的膚質，
再畫上妝彩。完美的底妝，
會讓妝容發揮得更清澈立
體，也讓妝容更持久，是非
常適合打底的氣味。

　　安息香的氣味，讓整體的氣味設計得以持香率更久，
是完美的後調不二人選。尤其是它完全不搶味，也不影響前調
及中調氣味的表現，更能讓氣味呈現高級感。

　　以「親膚」這樣一個形容詞來描繪安息香，可說是非常貼切、
非常有智慧的存在。

拉丁學名	Styrax benzoin		
科別	安息香科		
萃取方式	溶劑萃取	香調	後
萃取部位	樹脂	關鍵字	高級感
氣味個性	人間四月天，自帶仙氣的白月光		

大西洋雪松
Cedarwood

　　大西洋雪松給人一種家
的安定感，穩重的存在。

　　松柏科帶有屹立不搖、高
瞻遠矚的氣息，大西洋雪松
的氣味充滿木質香氣，以及樹幹
的厚實感；氣味帶著一點重量，不會
飄忽，單獨嗅聞會很 man，跟別的單方一
起調配，它的氣味又變得似有若無，有一種淡定。
尾韻有點檀香質感，但又沒有檀香給人的宗教氣息，多的是淡
然情懷，以不變應萬變的姿態。它就有如家中的樑柱角色，打
開門迎接你的雖然另有其人，但它卻隱身在後，默默給你安全
感。

拉丁學名	Cedrus atlantica		
科別	松科		
萃取方式	蒸餾法	香調	後
萃取部位	樹幹	關鍵字	承擔
氣味個性	有份量，有高度，可以依靠的肩膀		

廣藿香
Patchouli

　　散發著潮濕的木頭味，彷彿下過雨後，踏著泥濘，走進木屋的氣味。廣藿香同時也帶有一股中藥味，也正是這股氣息，能為香氣設計帶來一點神秘的東方情調。

　　廣藿香的泥土香調，能跟大地產生紮實的連結，讓你感受到不再飄搖，而是一種安全降落，能夠踩踏著每一寸土地，回到孕育生育我們的大地之母。廣藿香猶如一位令人敬重的醫者，體民所苦、術有專攻，令人景仰及信賴。是能給人德高望重，以專業服人的氣味。

拉丁學名	Pogostemon cablin		
科別	唇形科		
萃取方式	蒸餾法	香調	後
萃取部位	整株	關鍵字	東方
氣味個性	有著神秘感，令人景仰神往的隱士		

迷迭香
Rosemary

　　迷迭香是一股具有穿透性的涼風，透露著草香氣息。如果要設計調配一個綠色草本氣味，迷迭香是不可或缺的選項。

　　迷迭香的氣味具有提振感，可以提神醒腦，有種精神意念向上提拉的感受。如果你正深陷情緒泥沼，它是拉你出來的那雙手，如果深陷危機洪流，它是拉你出水面的救難直升機。就是這種上升的力量，讓你走起路來輕飄飄的，清爽開朗的奔向睽違已久的地中海之旅，朝夏天該有的藍與白奔去。

拉丁學名	Rosmarinus officinalis		
科別	唇形科		
萃取方式	蒸餾法	香調	前
萃取部位	整株	關鍵字	透徹
氣味個性	風一般的旅人，揮揮衣袖的俠客		

完全依蘭
Ylang Ylang

就像是挽著髮、穿著綢緞衣裳的姑娘，頭髮放下來是一頭烏黑微捲髮，相當嫵媚，並且具有東方情調。依蘭透露著一股神秘感，但卻不是女人的專利，在許多男香配方中，中後調也常見它的蹤影。會讓人頓時化身紳士風格，彷如穿著絨質西裝，翩翩走進晚宴中，氣味濃郁有些高調，讓人不能忽視。其中又有著飽滿的甜香及花香，毫無保留，給人熱情溫暖。

在東南亞習俗中，會在新婚洞房灑滿黃白的依蘭花瓣，讓空間氛圍充滿迷人催情的氣息，讓滿滿愛意流竄，享受人生中美好的夜晚。

拉丁學名	Cananga odorata		
科別	番荔枝科		
萃取方式	蒸餾法	香調	後
萃取部位	花朵	關鍵字	魅惑
氣味個性	熱情飽滿，毫不保留的發電機		

189

天然精油氣味強度級別

天然植物香氛的強弱程度，可分成三種等級。

香氣設計時要特別留意，強度強的精油因為氣味濃郁，比重可少一點，而氣味強度弱的精油，善於隱身在後，達到和諧，因此比重高一點也沒問題。

坦克級強度

氣味具有輾壓性，一支獨秀，唯我獨尊。只要一出現它們的身影，立刻躍上主角位置，成為氣味主調，頓時間，其他的氣味都變成了配角，只有烘托的份。

在香氣設計上，這類型的精油前中後調分別最多兩個，畢竟一山不容二虎，主角只能有一人，多了會亂套。

這類型單方精油氣味濃郁，只要加一點點，就很難忽視它的存在。在調配時，比例不用高，就可以達到效果，保守使用為上策。

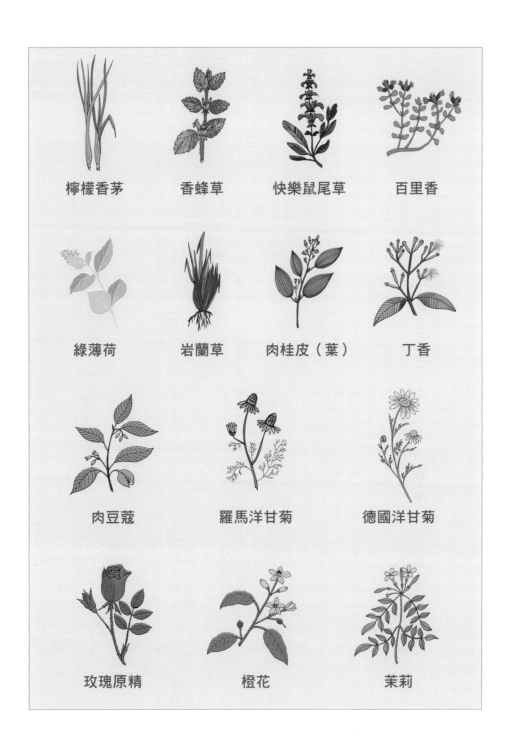

檸檬香茅　　香蜂草　　快樂鼠尾草　　百里香

綠薄荷　　岩蘭草　　肉桂皮（葉）　　丁香

肉豆蔻　　羅馬洋甘菊　　德國洋甘菊

玫瑰原精　　橙花　　茉莉

中堅份子

　氣味中庸，不需要花太多心思在上面斟酌。喜歡它的氣味就多放一些，不喜歡就不要放太多或可以避開不使用。這類精油氣味在香氣設計中，依自己的喜好使用即可。

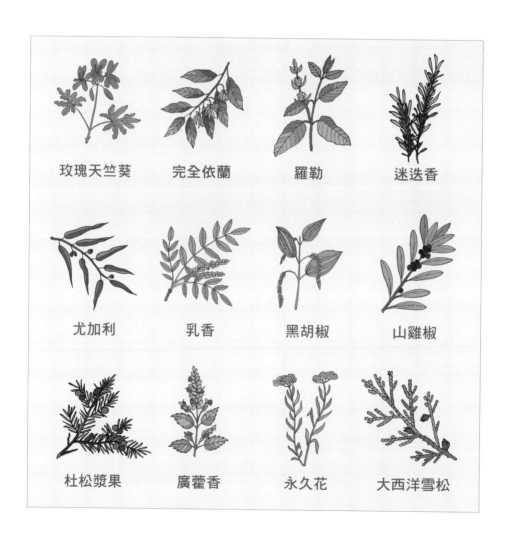

玫瑰天竺葵	完全依蘭	羅勒	迷迭香
尤加利	乳香	黑胡椒	山雞椒
杜松漿果	廣藿香	永久花	大西洋雪松

輕量級

單獨嗅聞時，有其獨特香味，但與其他精油調和後，會傾向削弱自身強度，與其他氣味取得平衡，隱身變得似有若無，第一時間通常察覺不到。

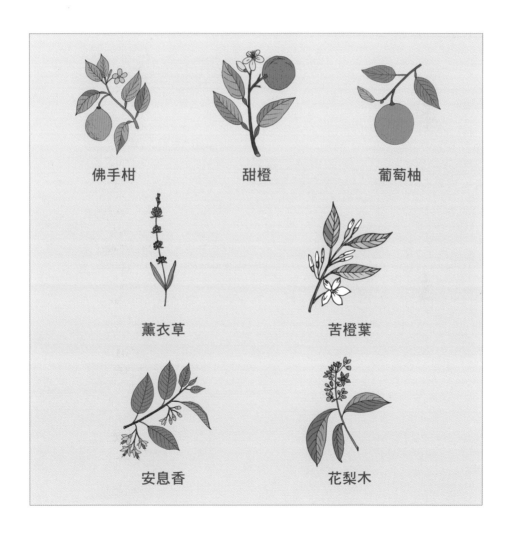

佛手柑　　　　甜橙　　　　葡萄柚

薰衣草　　　　苦橙葉

安息香　　　　花梨木

IP

超級ＩＰ香

每個人都有專屬的氣味，接下來，就讓我們用這個世代的幾位代表人物，以他們的形象、個性、人設，來剖析靈魂透露著什麼香氣？以及透過氣味所形塑出來的另一個維度樣貌，透過對他們的了解，調出超級 IP 香氣。

　　當你調配出他們的氣味，穿戴著同樣的香氣，就等於將他們的優點及信念內化成為自己的模式，比所謂世界知名調香師調出來的配方，更具有啟動性，更具象。就讓我們用氣味來致敬，也用這些氣味來當作對自我的另一種啟發。

小叮嚀：這裡列舉出適合的精油，濃度與 ml 數、D 數，請依照自己的喜好去調配，不一定要複製化或者被制約，希望大家可以盡情去自由發揮。

蔡依林

試著形容你眼裡 / 心裡的她：

人小志氣高、爆發力十足
對自己自律甚嚴
女王的外表、內心是渴望被呵護的小女孩
對待朋友很好、喜歡帶領閨蜜的相處氣氛

香調	花香調	柑橘調	草本調	木質調	薄荷調	辛香調	泥土調	樹脂調
前調		·甜橙	·迷迭香					
中調		·香蜂草				·黑胡椒		
後調				·花梨木 ·大西洋雪松				

李知恩 IU

試著形容你眼裡 / 心裡的她：

才華洋溢、帶領小清新知性風潮

鄰家女孩親切感十足、耐看討人喜歡

重義氣、待人接物高品格

百變女郎，時而青春活力、時而知性文青、時而性感嫵媚

沉得住氣、有潛沉醞釀好作品的耐心

香調	花香調	柑橘調	草本調	木質調	薄荷調	辛香調	泥土調	樹脂調
前調		・佛手柑	・迷迭香					
中調			・苦橙葉			・黑胡椒		
後調								・安息香

周子瑜

試著形容你眼裡／心裡的她：

真誠、流露真性情

謙虛、大多時候安靜

會聆聽別人講話、適度表達想法

正向樂觀、善良

能融入團體生活、像鄰家女孩般的舒服存在

香調	花香調	柑橘調	草本調	木質調	薄荷調	辛香調	泥土調	樹脂調
前調		‧甜橙	‧羅勒					
中調	‧薰衣草 ‧玫瑰 　天竺葵							
後調	‧完全 　依蘭							‧安息香

金城武

試著形容你眼裡 / 心裡的他：

沉穩低調、不嘩眾取寵

離群索居、有點宅

外表不凡、內心渴望平凡

氣宇軒昂、高貴氣質

擇善固執、挑戰自我

香調	花香調	柑橘調	草本調	木質調	薄荷調	辛香調	泥土調	樹脂調
前調		・佛手柑 ・葡萄柚						
中調	・薰衣草 ・玫瑰 　天竺葵		・苦橙葉					
後調				・大西洋 　雪松			・廣藿香	・安息香

楊勇緯

試著形容你眼裡 / 心裡的他：

不屈不撓、堅毅不拔

充滿勇氣、勇往直前

觀察入微、反應敏捷

溫暖和煦、萌萌的

香調	花香調	柑橘調	草本調	木質調	薄荷調	辛香調	泥土調	樹脂調
前調		・甜橙	・迷迭香 ・羅勒					
中調	・薰衣草		・苦橙葉					
後調				・大西洋 雪松				・廣藿香

戴資穎

試著形容你眼裡 / 心裡的她：

流露出霸氣、不怯懦

撒嬌時像孩子，像鄰家小妹

做自己，不造作的自然派

內斂安靜，有時內向

獨來獨往，專心致志

香調	花香調	柑橘調	草本調	木質調	薄荷調	辛香調	泥土調	樹脂調
前調		・葡萄柚	・羅勒					
中調		・香蜂草				・黑胡椒		
後調	・完全依蘭			・大西洋雪松 ・花梨木				・乳香

Sum Scent

16 款單方精油
調香寶盒香譜配方

以人見人愛、一見鍾情、桃花引力、自信魅力、遇見貴人等五大方向，做香譜配方示範。不過，若各位讀者有自己的想法與喜好香氣，也可以依照此香譜配方去做增減微調。

請記得，香氣是很主觀的，沒有對錯與絕對。在調配完成後，請靜心感受，以自己喜歡的為出發非常重要。

10ml 香水、濃度 15%、精油共 30 滴

調配示範

人見人愛

　　要達到這個境界，換句話說就是你要擁有無敵好人緣，不管是男女老少、什麼職業類別，只要一見到你就會覺得你讓人很有親切感、好相處零距離；有好康的事情會第一時間想到你，就算是你真的不小心做錯事情，也會幫你找台階、不忍苛責，備受寵愛。

　　因此，人見人愛的氣味營造，首重在於「讓人覺得親切」。前調可以加入柑橘調氣味，拉近與人的距離，創造好感度；中調的苦橙葉和薰衣草，呈現體貼、貼心、為他人著想、無私、有同理心的感覺，散發溫暖氣質；後調則是可以用安息香帶來的恬淡，來營造出謙虛、和氣、與人為善的感受。這個氣味讓你不需要嗲聲嗲氣裝腔作勢，就能讓喜歡的事物自然而然向你靠攏，創造心想事成的好體質。

佛手柑 6D	
葡萄柚 3D	
迷迭香 1D	
苦橙葉 5D	
薰衣草 6D	
大西洋雪松 2D	
安息香 5D	
花梨木 2D	
TTL	**30D**

前調	佛手柑、葡萄柚、迷迭香
中調	苦橙葉、薰衣草
後調	安息香、花梨木、大西洋雪松

一見鍾情

　　吸引你喜歡的人也不由自主愛上你，就是所謂的一見鍾情。因此，你要讓自己隨時隨地看起來很有魅力吸引人，並且在對的時機遇到這位對的人。兩個人不管在性格、外型上都非常登對，彼此吸引，你的氣味讓他神往，而他的腦海裡也被你的身影佔據，兩個人會彼此互相思念對方，幻想未來約會的浪漫場景。

　　一見鍾情氣味的營造，關鍵在於要讓你的真命天子／天女覺得你很「完美」，你就是他一直等待的人，進而想要跟你長久相處。前調的佛手柑能夠讓你展現溫和好性情；中調則是核心所在，要用玫瑰天竺葵、苦橙葉、薰衣草搭配出來的氣味，展現你的貼心，懂得照顧對方，讓他覺得你很有安全感，並且對你產生依賴。後調花梨木及安息香，會讓你形塑出值得交往的樣貌，為對方分憂解勞，讓對方自然而然把心都交給你。

佛手柑 4D	
甜橙 4D	
玫瑰天竺葵 5D	
苦橙葉 4D	
薰衣草 4D	
花梨木 5D	
安息香 4D	
TTL 30D	

前調	佛手柑、甜橙
中調	苦橙葉、薰衣草、玫瑰天竺葵
後調	花梨木、安息香

桃花引力

要達到這個境界，就要打造魅力無遠弗屆的桃花體質，吸引身邊的好桃花。每當你出場，總能吸引異性的眼光，覺得你渾身上下充滿了致命的吸引力，一顰一笑、舉手投足，總能牽動對方的心，吸引別人的眼球。尤其這些對你有意思的人，會樂於對你獻殷勤、當工具人，不嫌煩也不喊累，就算知道要拿號碼牌也不後退。

桃花引力氣味的營造，重點在於吸引多數異性的目光，讓他們對你投以「傾慕」之情。因此前調要讓你聞起來風采動人，佛手柑搭配甜橙，傳遞出你時而熱情開朗，時而甜美溫柔的氣質，是個沒有人會拒絕的超好感度氣味。中調的玫瑰天竺葵淡雅氣息，營造出浪漫的氛圍，像極了愛情；後調是重中之重，用魅惑十足的完全依蘭，營造出情迷勾人的氣場，搭配廣藿香，呈現出萬千神秘感，是一種魅力你說了算的氣味。

佛手柑	5D
甜橙	5D
玫瑰天竺葵	6D
乳香	1D
完全依蘭	5D
廣藿香	1D
安息香	7D
TTL	**30D**

前調	佛手柑、甜橙
中調	玫瑰天竺葵、乳香
後調	完全依蘭、廣藿香、安息香

自信魅力

　　要達到這個境界，就是要有一種「影響力」十足的氣場，可以呼風喚雨，用言語影響他人。不論是人際關係、職場工作、創業開發，你都需要有自信，讓自己更有魅力。當人有自信，好事就會接連發生，給人值得信賴、ＥＱ高、創意源源不絕的形象，開會提案能獲得認同，開發洽談客戶也能無往不利，散發一種「有你出馬一定成功」的魅力。

　　氣味的營造核心，在於創造「我說了算」的自信。因為你有能力見招拆招，以一擋百的氣勢，足以讓人信服，自然會有追隨者效力。前調迷迭香、羅勒帶入的草本氣味，給人簡潔明快、做事不含糊的形象；中調的香蜂草讓你的言行禁得起時間考驗，且有魄力態勢，使人願意信服相挺，而黑胡椒則能突顯你的聰明機智。後調木質調氣味，大西洋雪松及廣藿香帶來穩重沉著，完全依蘭使你散發無限魅力。

迷迭香 7D	
羅勒 1D	
甜橙 5D	
香蜂草 2D	
黑胡椒 2D	
乳香 5D	
大西洋雪松 4D	
廣藿香 2D	
完全依蘭 2D	
TTL 30D	

前調 迷迭香、羅勒、甜橙

中調 香蜂草、黑胡椒、乳香

後調 大西洋雪松、廣藿香、完全依蘭

遇見貴人

　　要達到這個境界，在於關鍵時刻有沒有人會為你「挺身而出」，吸引貴人幫你一把。想要遇到伯樂，首先，就要讓自己減少負能量，成為自帶光芒，讓別人想要靠近了解你，進而賞識你、願意給機會讓你去發揮。反之，若你身上總是透露出一種忿忿不平，老是想要抱怨的氣息，就會讓大家下意識地想要避開你，保持距離。

　　在氣味的營造上，要將自己打造成像是承載希望的容器，充滿「正能量」，才會吸引貴人靠近。前調使用甜橙穿插羅勒點綴，散發陽光金黃飽滿的氣場；中調乳香有提升好感度的效果，後調完全依蘭則帶來人們對你的喜愛，吸引對的人事物靠近。花梨木帶來溫暖無憂，搭配大西洋雪松的氣定神閒、正氣凜然，跟人的好緣份更能細水長流。

甜橙 6D	
羅勒 1D	
乳香 5D	
苦橙葉 4D	
完全依蘭 2D	
花梨木 7D	
大西洋雪松 5D	
TTL	30D

前調 甜橙、羅勒

中調 乳香、苦橙葉

後調 完全依蘭、花梨木
大西洋雪松

How to use

香水的
使用方式

香水是穿在身上的配件，如果整體穿搭完整，但若沒有噴上相得益彰的香氣，就像少了一味，好像缺了點什麼。尤其香水可以立體化形塑你給人的印象，所以針對場合選用合宜濃度的香水，並且正確使用，一點都馬虎不得。

　　調配完香水之後，就可以開始適時、適場地使用。至於香水該怎麼正確使用才好？以下也有一些方式可以分享。

　　我們最常塗擦香水的部位，一般都在手腕內側、頸部、耳後、腳踝、膝後、手肘內側等等，藉由脈搏的跳動與溫度讓香味散發出來。而香水最忌諱的就是噴在腋下這種容易出汗的地方，這樣會讓氣味變得詭異，收到反效果。

　　依據需求及場合，香水從濃郁到清淡，等級分別為：香精、香水、淡香水、古龍水。若是參加重要晚宴、聚會等正式場合，可以選擇使用香精，持香效果最佳。而平常使用、工作及約會，香水則是不錯的選擇，大約可維持半天的香氣，讓人覺得你有朝氣精神。傍晚若再有活動，也可以進行補噴，添補身上的香氣，使自己迷人魅力持續。

　　若是有戶外活動，或是喜歡清淡氣味，似有若無的感覺，可以選擇淡香水、古龍水使用，讓你保持舒服宜人氣味，又不至於太過濃烈。

香水使用停看聽

上半身點式塗抹方式

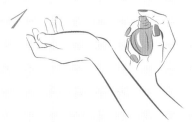

左或右手腕脈搏處噴兩下

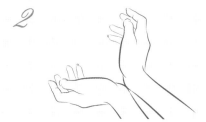

手腕交疊互按

輕觸雙耳後側

後頸部

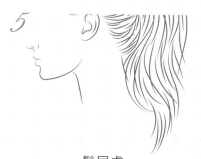

髮尾處

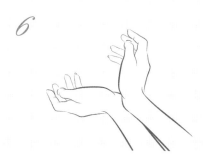

手腕輕觸另一邊的手肘內側

身體與下半身點式塗抹方式

1

將香水噴於腰部左右兩側

2

手指輕觸腰部噴香水處

3

再以手指輕觸大腿內側

4

左右腿膝蓋內側

5

腳踝內側

Point 2

擦香水時力道輕輕的，不需要過於用力，在脈搏上壓兩次就可以。如果怕用量不夠，你可以在重點部位留下「線狀」的香水痕跡。

Point 3

氣味有向上揮發性，香水噴灑身體下半身比上半身均勻度更好。夏天的時候，可以把香水噴灑在裙角或褲角，讓香氣由下往上飄散，透露出隱約的香氣。

Point 4

皮膚較敏感或對香水過敏者，可將香水改噴在手帕、裙襬、褲角或領帶內側，隨著肢體擺動，透過氣流散發香氣，一樣有不錯的效果。

空氣乾燥時，因香水揮發速度快，使用量可以增加，而空氣潮濕時，用量可以減少。

香水噴灑在衣物上時，注意棉質、絲質及白色布料容易留下痕跡，盡量不要直接大面積噴灑。也不要噴灑在毛皮上，容易破壞毛皮，影響色澤。香味在純毛衣上較難退散，噴灑時要留意且適量。

先噴香水再戴飾品，避免香水直接噴到珠寶首飾，香水物質會對金、銀、珍珠產生作用，造成褪色，損壞珠寶。

spirit

soul

mind

body

後記 epilogue

某個時刻，足夠香氣的花朵，會吸引蝴蝶來到跟前；
某個時刻，當你準備好了，就會遇見該遇見的人。
你撒下的氣息，如同你釋出的信號，
召喚著相同頻率，或需要、或喜愛你的另一個發射器，
豐富了你的人生，
印記只屬於你，獨一無二的精采。

創作出只屬於你的故事，做自己的香氣設計師。

2AF148

調香

FRAGRANCE

做自己的香氣設計師

精油解析 × 感知訓練 × 香水調製
打造10秒讓人印象深刻的氣味魅力學

作　　　者	毛彥芬（毛毛老師）
責 任 編 輯	溫淑閔
主　　　編	溫淑閔
版 面 構 成	江麗姿
封 面 設 計	任宥騰
行 銷 專 員	辛政遠、楊惠潔
總 編 輯	姚蜀芸
副 社 長	黃錫鉉
總 經 理	吳濱伶
發 行 人	何飛鵬
出　　　版	創意市集
發　　　行	城邦文化事業股份有限公司 歡迎光臨城邦讀書花園 網址：www.cite.com.tw
香港發行所	城邦（香港）出版集團有限公司 香港灣仔駱克道193 號東超商業中心1樓 電話：(852) 25086231 傳真：(852) 25789337 E-mail：hkcite@biznetvigator.com
馬新發行所	城邦（馬新）出版集團 Cite (M) SdnBhd 41, JalanRadinAnum, Bandar Baru Sri Petaling,57000 Kuala Lumpur,Malaysia. 電話：(603) 90578822 傳真：(603) 90576622 E-mail：cite@cite.com.my
印　　　刷	凱林彩印股份有限公司 2024年（民113）2 月 Printed in Taiwan
定　　　價	450元

客戶服務中心
地址：10483台北市中山區民生東路二段141號B1
服務電話：（02）2500-7718、（02）2500-7719
服務時間：週一至週五 9：30 ～ 18：00
24小時傳真專線：（02）2500-1990 ～ 3
E-mail：service@readingclub.com.tw

※ 詢問書籍問題前，請註明您所購買的書名及書號，以及在哪一頁有問題，以便我們能加快處理速度為您服務。

※ 我們的回答範圍，恕僅限書籍本身問題及內容撰寫不清楚的地方，關於軟體、硬體本身的問題及衍生的操作狀況，請向原廠商洽詢處理。

※ 若書籍外觀有破損、缺頁、裝訂錯誤等不完整現象，想要換書、退書，或您有大量購書的需求服務，都請與客服中心聯繫。

※廠商合作、作者投稿、讀者意見回饋，請至：
FB粉絲團．http://www.facebook.com/InnoFair
Email信箱：ifbook@hmg.com.tw

國家圖書館出版品預行編目 (CIP) 資料

調香：做自己的香氣設計師，精油解析 × 感知訓練 × 香水調製，打造 10 秒讓人印象深刻的氣味魅力學 / 毛彥芬著 . -- 初版 . -- 臺北市：創意市集出版：城邦文化事業股份有限公司發行 , 民 110.12
　面；　公分

ISBN 978-986-0769-43-2(平裝)

1. 香水 2. 香精油

466.71　　　　　　　　　　　　　　110015396